甜夏橙老叶缺氮症状(右1为正常叶)

柑橘氮过剩症状(叶大而厚,叶色深绿)

温州蜜柑缺磷症状(叶无光泽,呈暗绿色)

温州蜜柑叶片的缺磷症状
（呈暗绿色，失去光泽）

缺磷橘园增施磷肥后
枝梢及根系生长旺兴

温州蜜柑磷过剩，引起果实皱皮(右为正常果，左为皱皮果)

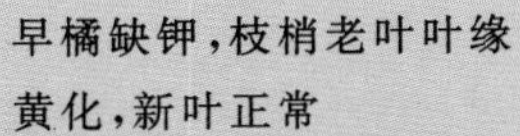

早橘缺钾，枝梢老叶叶缘黄化，新叶正常

甜夏橙缺钾，叶卷曲，先端发黄

左早橘缺钾果实，右正常果实

瓯柑缺钙症状(新梢叶发黄)

瓯柑缺钙,叶幅变窄,先端和叶缘发黄

朱红橘缺镁，叶片主脉两侧呈肋骨状，
基部和叶尖保持倒三角绿色区

红橘缺镁，结果母枝叶片黄化，新叶正常

温州蜜柑缺硫，新梢叶片发黄

柑橘缺硫，病叶发黄(左)，
病树上仍有正常叶片(右)

温州蜜柑硫过剩，叶缘
出现黄色斑驳

柑橘硫中毒叶片(从左至右叶片含硫量0.34%～0.51%)

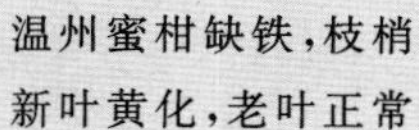

温州蜜柑缺铁,枝梢新叶黄化,老叶正常

缺铁温州蜜柑的果实和枝叶症状

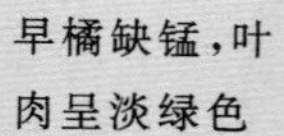

早橘缺锰，叶
肉呈淡绿色

缺锰本地早夏叶(左典型缺锰症状，中田间缺锰症状，右正常叶)

温州蜜柑锰过剩的叶片症状(出现褐色下陷斑点)

早橘果实锰过剩症状(左病果,右正常果)

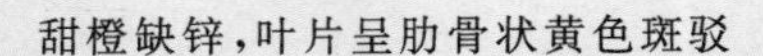

甜橙缺锌,叶片呈肋骨状黄色斑驳

早橘缺锌，老叶正常，新生叶片小，出现黄色斑驳

早橘缺锌果实变小

柑橘缺铜果实开裂

柑橘缺铜,新生叶片变大,主脉扭曲

椪橘缺钼症状

缺钼柑橘叶片(新叶出现椭圆形黄色斑块,右 1 正常叶)

温州蜜柑缺硼，叶面出现水浸状斑点

椪橘缺硼，叶脉木栓化开裂

红橘缺硼，果实皮厚粗糙，果肉干瘪（下排为正常果）

柑橘硼过剩，老叶的叶缘出现黄色斑驳

柑橘硼过剩病叶症状

柑橘缺硼缺镁症状（叶脉增粗，木栓化，主脉两侧出现肋骨状黄色区）

温州蜜柑缺硼、锰过剩症状（叶柄出现横向裂口并断裂，叶片有棕褐色下陷斑点）

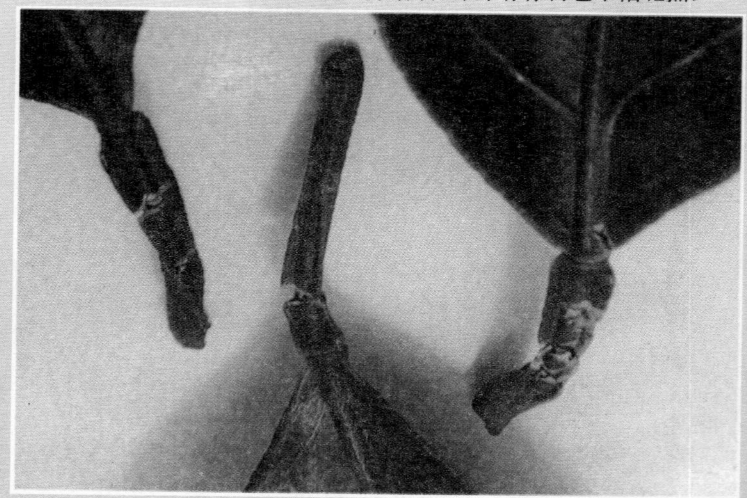

脐橙缺钾缺镁症状(老熟叶的叶尖发黄，中脉两侧出现肋骨状黄色区)

本地早缺锰缺锌症状，新梢叶色稍黄，老熟叶有淡黄绿色至淡黄色条斑(左为正常叶，右为患病夏梢叶)

本地早缺锰缺锌症状

柑橘氟中毒叶片症状(从左至右症状由轻到重)

科学施肥新技术丛书

橘 柑 橙 柚施肥技术

主 编

俞立达

编著者

俞立达 石学根 陈标虎

梁 红 林 媚

金 盾 出 版 社

内 容 提 要

本书介绍了先进实用的柑橘类果树施肥技术。内容包括：柑橘的营养和需肥特征、土壤类型与施肥、营养诊断与营养失调症防治、施肥方案的制订与实施、肥料的种类与使用技术、特殊施肥技术、优质高产施肥实例。适于果农、园艺技术人员和农林院校师生阅读。

图书在版编目(CIP)数据

橘 柑 橙 柚施肥技术/俞立达等编著. —北京：金盾出版社，2000.9

(科学施肥新技术丛书/杨先芬等主编)

ISBN 978-7-5082-1291-3

Ⅰ. 橘…　Ⅱ. 俞…　Ⅲ. 柑橘类果树-施肥　Ⅳ. S666.06

中国版本图书馆 CIP 数据核字(2000)第 34590 号

金盾出版社出版、总发行

北京太平路 5 号(地铁万寿路站往南)

邮政编码：100036　电话：68214039　83219215

传真：68276683　网址：www.jdcbs.cn

彩色印刷：北京 2207 工厂

黑白印刷：北京金盾印刷厂

装订：永胜装订厂

各地新华书店经销

开本：787×1092 1/32　印张：6.125　彩页：20　字数：121 千字

2009 年 6 月第 1 版第 7 次印刷

印数：40001—51000 册　定价：10.00 元

“科学施肥新技术丛书”编委会

前　言

科学施肥是提高种植作物产量、品质和降低生产成本的重要因素。目前在作物种植中，盲目施肥、单一施肥、过量施肥的不合理用肥问题较为普遍。比较突出的是重视施用化肥，轻视施用有机肥；重视施用氮肥，轻视施用磷、钾肥和微量元素肥料；氮磷钾大量元素之间、大量元素和微量元素之间比例失调，肥料利用率仅为30%左右。这不仅降低施肥效果，增加生产成本，而且长此下去还会导致土壤退化、酸化和盐渍化，使种植作物大幅度减产，产品品质下降，给生产造成损失。

针对种植作物在施肥方面存在的实际问题，为普及施肥知识，做到科学、合理施肥，提高肥料利用率和土地产出率，发展高产、高效、优质农业，实现农业增产农民增收的发展目标，促进农业和农村经济持续稳定发展及提高中国加入世界贸易组织(WTO)后农产品的竞争实力，我们组织有关专家编写了“科学施肥新技术丛书”。丛书内容包括粮、棉、油、菜、麻、桑、茶、烟、糖、果、药、花等种植作物的科学施肥新技术，共19册。

该丛书从作物的生物学特性入手，说明作物生长发育所需要的环境条件，重点说明各种作物对土壤条件的要求，并以作物的需肥、吸肥特点为依据，详细介绍了施肥原理和比较成熟、实用的施肥新技术、新经验、新方法。其内容以常规施肥技术和新技术相结合，以新技术为主，以普及和提高相结合，以提高为主；以理论和实用技术相结合，以实用技术为主，深入浅出，通俗易懂，技术要点简明扼要，便于操作，对指导农民科学施肥，合理施肥，提高施肥水平和施肥效果，将会起到积极的作用。同时，也是农业技术推广人员和教学工作者有益的参考书。

“科学施肥新技术丛书”编委会

2000 年 7 月

目　录

序　　言

科学施肥是实现橘、柑、橙、柚“一优两高”栽培的主要技术措施。随着科学技术的发展和现代化仪器设备的应用，柑橘的施肥技术，也由传统的经验施肥向科学的经济合理施肥发展。在20世纪60年代，诊断施肥、配方施肥和平衡施肥等新技术已开始在柑橘生产中逐步推广应用。肥料种类也由单一元素肥料向多元复合肥料方向发展，由速效性向缓释(效)性发展，由单一的有机肥料和无机肥料向有机无机复合(混)肥料发展，具有活性的生物有机肥料和作物专用活性有机无机复合(混)肥料也相继问世。在施肥方法上，已由一般的根际土壤施肥发展到如叶面喷施、根部吸肥、主干注射等多种方法相结合的施肥技术体系。可以说，柑橘的施肥技术已进入了科学化的新阶段。

为了普及和推广柑橘施肥新技术，满足广大生产者对掌握新技术的要求，本书密切联系生产实际，深入浅出地介绍了新的施肥技术和各地橘、柑、橙、柚丰产栽培施肥实例，以供广大读者借鉴。然而，种植柑橘的地域广大，气候、土壤等自然条件复杂，柑橘品种繁多，希望读者能结合当地实际情况，参考应用。

本书由浙江省农业科学院柑橘研究所柑橘营养诊断及施肥技术研究课题组成员提供资料，由课题主持人俞立达研究员执笔编写。由于笔者的学术水平有限，本书如有疏漏之处，敬请读者批评指正。

编著者

2000年7月

第一章　概　况

柑橘属芸香科，是橘、柑、橙、柚、金柑和枳等的总称。柑橘是亚热带果树，在我国种植地域广，总面积达 130 多万公顷，年产量超过 1 000 万吨。我国著名的柑橘品种有浙江的黄岩本地早、临海宫川系温州蜜柑、衢州和丽水的椪柑、玉环文旦(柚)、苍南四季柚，四川的锦橙，广东的汕头蜜橘、新会橙、雪柑，福建的芦柑、文旦，广西的沙田柚，湖南的冰糖橙，江西的南丰蜜橘，湖北的脐橙等等。近年来，在地方良种发掘、杂交育种及国外引种方面，也做了大量工作，前景十分喜人。例如浙江的常山胡柚、温岭高橙，华中农业大学培育的国庆 1 号，浙江省农业科学院柑橘研究所育成的红玉柑，从日本等国引进的脐橙、伊予柑等，都有一定面积的种植和市场占有率。

由于我国柑橘栽培历史悠久，栽培面积广，不仅品种繁多，栽培经验也十分丰富。近十年来，通过品种优化、高接换种、品种结构调整，苗木无毒化处理和繁殖，合理密植、大枝修剪、立体结果，营养诊断、配方施肥，应用生长调节剂保花、疏果，病虫综合防治等规范化技术的一系列技术措施，使柑橘产量和品质得到了大幅度的提高，增加了市场竞争力和占有率。

然而，目前柑橘生产中也存在着销售不畅、价格低、卖橘难的问题。主要是由于品种落后、品质差、上市集中、缺乏规范化管理、加工程度低、果实贮藏保鲜能力不足，因而缺乏市场竞争力。今后，只要通过积极推行良种化、规范化管理，控制栽培面积，发展名特优稀品种，提高商品果的贮存保鲜能力，大力发展果汁、制罐等加工业，是完全有可能提高我国柑橘的市场竞争力，确保我国柑橘种植业持续而健康地发展。

第二章　柑橘的营养和需肥特征

柑橘是多年生木本常绿果树，整个生长周期可分为幼树、成年树和老年树三个阶段。一年中又可分为芽期、花期、抽梢期、发根期、幼果期、果实膨大期和果实成熟期等。柑橘在不同生长阶段和生长时期对养分种类和数量的要求不同。一年中根据不同时期的养分要求进行施肥，是实现柑橘优质高产、稳产的重要措施。

一、柑橘生育必需的营养元素及其功能

根据柑橘叶片成分的测定，叶片中可测得的 31 种元素中，有 13 种元素是柑橘生长发育所必需的，还有 12 种元素虽不是必需元素，但对柑橘生长、结果有一定的影响，另有 6 种元素还难以肯定其作用。

到目前为止，虽知道植物体中含有 71 种元素之多，但柑橘等果树生育必需的营养元素仅 16 种。

所谓必需的营养元素应具备三个条件，即：一是在柑橘生育中不可缺少的，缺了它，柑橘就不能正常生长发育；二是它的功能不能被其他元素所替代；三是在柑橘树体内担负着一定的生理作用。

柑橘等果树必需的 16 种营养元素中，碳、氢、氧 3 种元素来源于空气和水，其他 13 种元素由土壤供给，靠施肥得到不断的补充，这些营养元素是氮、磷、钾、钙、镁、硫、硼、铁、锰、

锌、铜、钼和氯。人们根据植物对这些元素需要量的多少，将氮、磷、钾称为大量元素或三要素，而钙、镁、硫需要量较少称为次量元素，后7种元素称为微量元素。另外还有对柑橘生长有益的元素，如硅、钴、钠等(表2-1)。

表2-1 柑橘必需元素、有益元素及其主要来源

必需的营养元素					有益元素	
需要量大		需要量中等	需要量小		来自土壤	
来自空气和水	来自土壤	来自土壤	来自土壤			
碳(C)	氮(N)	钙(Ca)	铁(Fe)	铜(Cu)	钠(Na)	镍(Ni)
氢(H)	磷(P)	镁(Mg)	锰(Mn)	钼(Mo)	硅(Si)	铝(Al)
氧(O)	钾(K)	硫(S)	锌(Zn)	氯(Cl)	钴(Co)	钡(Ba)
			硼(B)			

各种营养元素的作用分述如下：

(一) 氧

氧是柑橘根系呼吸作用不可缺少的元素，是柑橘生长所需要的水和二氧化碳的组成元素之一，也是构成柑橘树体的淀粉、脂肪、蛋白质及纤维素等成分的主要元素。土壤中缺氧易引起柑橘根系腐烂或呼吸能力下降，使吸收养分减少。

(二) 氢

氢是水的组成元素，由叶绿体分解水而生成，在柑橘树体中是多种有机化合物的组成元素。

(三) 碳

碳是从同化空气中二氧化碳而得到的，其中一部分在呼吸中被释放，它是植物体有机化合物的组成元素之一。

(四) 氮

氮素是对柑橘生长和发育影响最大的一个营养元素，是构成柑橘树体和果实的基础物质之一。它是蛋白质、叶绿素、生物碱、酰胺等必需物质的组成成分，在树体内多以有机态存在，也有小部分以硝态氮和铵态氮存在于组织之中。极大部分氮素供应生殖器官和嫩梢的生长和发育。晚秋和冬季吸收而贮藏于叶组织中的氮素，可供应翌年春季发芽抽梢和开花结果之用。叶片是柑橘氮素的最大贮藏场所，全树总氮量（包括果实）的 40%以上是在叶中，未结果的幼树贮存于叶中的氮量更多，占总量的 60%左右。氮的缺乏会使树势衰退，新生部位受到限制，结果数锐减，果实变小，产量下降。

缺少氮可使叶簇和枝梢大量枯死，全树多变成光秃和矮丛。但这类树多处于生长受阻状态，很少完全死亡，缺氮的柑橘果实品质反而较好，果皮也较光滑，果实成熟提早。但结果少，果实体积小，产量很低。

（五）磷

磷是细胞分裂活动必要的营养元素，在柑橘的花、种子以及新梢、新根等生长活跃部位，有大量磷累积。磷缺乏会影响新根生长，使根系伸长变慢，影响柑橘树体对氮和钾等营养元素的吸收，而引起其他元素缺乏症。同时，磷的缺乏使新梢生长细弱，花数锐减，形成的果实也容易脱落，果皮粗厚、果汁减少、味酸，果实小而成熟延迟，品质变劣，产量下降。

（六）钾

钾以离子状态存在于树体细胞液中，是一种移动性极强的元素，有助于糖类的合成和促进糖向果实移动，起着"泵"的作用。钾还有助于根系所吸收的硝态氮在树体内合成蛋白质。在果实蛋白质合成过程中钾起着重要作用。缺钾时树体生长受到严重抑制，产量降低。由于果实膨大需要消耗大量的钾，在果实膨大期如钾供给不足，果实就会发育不良。下部老叶中的钾向果实移动而发生缺钾，且由于缺钾加剧了叶面蒸腾作用，而使叶片失水枯萎。一般缺钾果实品质变劣，着色不良。

（七）钙

钙是在树体内不易流动的元素，在树体各部位的含量也有明显差异，叶片含钙量比枝和果实中的多，老叶比新叶多。钙在树体内担负着中和过剩有机酸的作用，这是由于钙能与代谢产物草酸生成难溶的草酸钙，而起到调节体内酸碱度的作用，可防止过量酸的毒害作用。

钙是细胞壁和细胞间层的组成成分，能使细胞膜和液泡膜中的脂肪和蛋白质结合起来，防止细胞和液胞中的物质外渗。果实中钙含量低时，果实成熟后细胞膜很快分解，失去作用，使呼吸作用和某些酶的活性增强，导致果实衰老。

此外，钙与树体内糖分的移动也有一定的关系。缺钙时，会使叶中糖类的转运受阻，影响果实品质。

（八）镁

构成叶绿素的中心是镁，缺镁时叶绿素减少，光合作用变弱，淀粉生成减少。

镁在柑橘树体内有促进磷酸移动的作用。镁缺乏时使树体内的磷酸含量降低，并停止向细胞分裂旺盛的生长点转运，使柑橘的生长发育受阻。

（九）硫

硫是组成蛋白质、氨基酸、维生素和酶的成分。它与柑橘树体中的氧化还原、生长调节等生理活动有关，并与叶绿素形成和糖类的代谢有关。柑橘缺硫时，出现类似缺氮样症状，叶片呈淡绿色，新生叶发黄，开花和结果减少，成熟期延迟。

（十）铁

铁是柑橘树体内氧化酶的成分，铁虽不是构成叶绿素的成分，但它对叶绿素的形成是必不可少的。柑橘缺铁时，抽生的新叶失绿，呈黄白化，光合作用强度降低，新梢生长、果实品质及产量受到严重不良影响。

（十一）锰

锰是叶绿体的成分，在叶绿素合成中起催化作用。缺锰时叶绿体中锰含量明显减少，叶绿体的结构也发生变化，从而影响光合作用的进行。锰又是多种酶的活化剂，锰与氮的代谢和糖类的合成以及维生素 C 的形成都有一定的关系。缺锰时叶绿素的形成受阻，叶片失绿。严重缺锰时，叶寿命缩短，在冬季出现大量落叶，致使翌年果实产量降低，品质下降。锰过多时，也会引起冬季大量落叶，果皮和叶片上出现红褐色至紫褐色的病斑，如浙江黄岩早橘果皮上的紫血焦病、浙江定海温州蜜柑叶片上的褐斑病。

（十二）锌

锌是碳酸酐酶的组成成分，能促进树体内碳酸的分解，增强光合作用，还与树体内形成生长激素的先驱物质色氨酸有关。锌在叶绿素合成中是不可缺少的，缺锌叶片会发生黄化。另外，锌缺乏时树体内硝态氮累积，蛋白质和淀粉的合成受到影响，树体生长受到抑制，出现小叶、丛生等现象，柑橘果实明显变小，产量锐减。缺锌还使根生长变细，对水分和养分的吸收也受到影响。

（十三）铜

铜是树体内与氧化还原有关的酶的成分。叶绿素的形成需要多量的铜，缺铜时叶绿素形成受阻，引起叶片发黄并产生褐色斑点，出现流胶和枯梢等现象，严重影响树体的生长。

（十四）钼

柑橘吸收土壤中的硝态氮（NO_3—N），并通过硝酸还原酶将其还原成氨，构成蛋白质。钼是硝酸还原酶的组成成分。钼缺乏时，树体内硝态氮大量累积产生毒害作用。钼与维生素C的形成也有关系，钼缺乏时作物体内维生素C含量降低。

植物适量吸收钼元素，可减轻锌、铜、镍等过剩的危害。

（十五）硼

硼与水分、糖类及氮素代谢有关，并与构成细胞膜的果胶形成有关。缺硼影响细胞膜的形成，新梢叶生长不良，大量落花落果，生长停止。硼缺乏还影响水分吸收，也使钙的吸收和移动受阻，导致新细胞中缺钙，使新芽和籽实的细胞液变成强酸性而停止生长。

（十六）氯

氯与树体内淀粉、纤维素、木质素的合成有关，有氯参与才能完成光合作用过程，氯还有促进果实成熟的作用。

二、柑橘吸收养分的特点

柑橘生长发育所需要的养分，除二氧化碳外，主要是靠地下部根系从土壤中吸取，地上部叶片、枝梢、果实及主干等各部位也能不同程度地吸收养分。据柑橘根外追肥树体各部位吸收养分的能力检测，如果以须根的吸收能力为100%，那么，新梢嫩叶为97.3%，成熟叶为73.3%，幼果为70.8%，粗枝顶端部为67.3%，粗枝上老叶为32.8%，侧枝为8.9%，主干为7.2%，粗根为10.1%。

（一）根系对养分的吸收

柑橘根系从土壤中吸收养分的多少，取决于土壤环境条件、根系数量和活力。为了使柑橘根系发达且具有活力，同时使土壤肥沃，往往采取深耕改土，增施有机质肥料和及时灌溉、地面覆盖等一系列措施，为根系创造一个水、气、肥、热协调的土壤环境条件。

研究表明，柑橘根系能够从土壤中吸收多种无机和有机养分。无机养分如硫酸铵、氯化钾、过磷酸钙等。这些肥料都溶解于水，在土壤中呈离子状态，容易被根系吸收。而有机养分则需要经过土壤微生物分解后，才能被根系吸收利用，例如蛋白质分解成氨基酸，尿素分解成酰胺，纤维素分解成糖类(图 2-1)。根系对这些养分的吸收是有选择性的，而且需要消耗能量，这种能量来自地上部光合作用产物，所以地上部叶片光合作用的强弱，也会影响根系主动吸收养分。根系吸收养分量多的是氮、磷、钾，其次是钙、镁、硫，吸收的铁、锰、锌、硼等微量元素较少。其选择性吸收的结果，使土壤中养分失去平衡，需要通过施肥来调节，使养分继续保持平衡。故应通过土壤和叶片的营养诊断来决定施肥种类和施肥方法。

（二）叶片对养分的吸收

我们常用的根外追肥，即叶面喷施的肥料有尿素、磷酸二氢钾、硼砂或硼酸以及各种各样的叶面肥。柑橘叶片不仅能吸收无机养分，还能吸收分子量较大的有机养分，如氨基酸、酰胺及金属络合物等。叶片吸收养分的过程可分为吸附、进入到叶组织内部、转移到树体其他部位。

叶面施肥应喷叶背。柑橘叶背面有气孔，养分容易进入，可提高养分的吸收利用率。根外追肥的适宜时期，是新梢叶展开初期，叶片蜡质层尚未形成，此时喷施，养分容易被叶片吸收。对老叶喷施时，应加附着剂，如石灰水和洗涤剂等，可增加肥料在叶片上的附着力，利于叶片吸收养分。叶片对低浓度肥料吸收较好，如果浓度过高，容易引起反渗透作用，造成药害和叶片失水，凋萎而脱落。

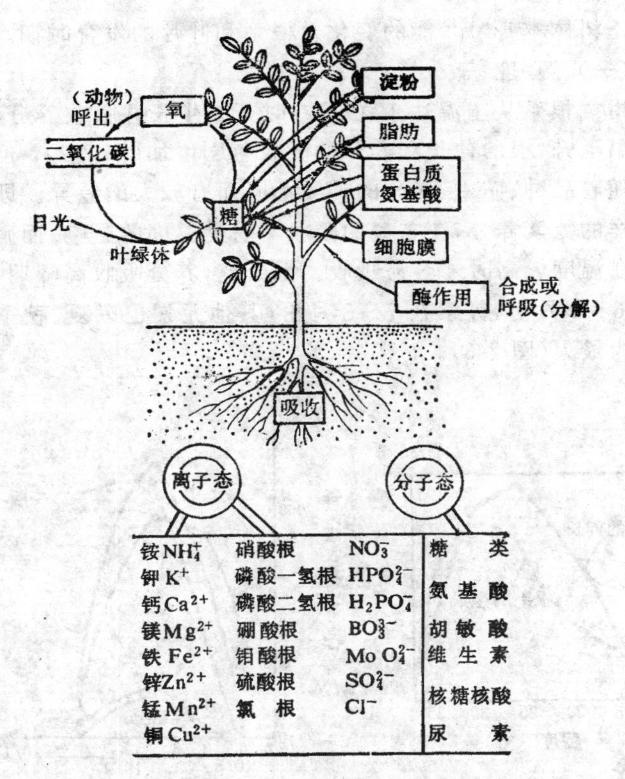

图 2-1　柑橘根系吸收土壤中养分的形态

叶片吸收养分的特点是量少、速度快、不受土壤干扰，但费工多，只能作为土壤施肥的补充。

三、影响柑橘吸收养分的因素

影响柑橘吸收养分的因素有温度、湿度、降雨、土壤通气性、土壤酸碱度、养分的浓度和养分间的相互作用等，此外还取决于树体本身“库”能的变化及根系和叶片的发育时期。

（一）温 度

柑橘根系从土温达 12℃左右时开始生长并吸收养分，随着土温上升，根的伸长和养分的吸收急剧增加（图 2-2）。但其速率随着品种、砧木、养分的种类不同而有较大的差异。即使是同样的氮素养分，铵态氮的吸收不易受温度的影响，而硝态氮则在温度较高时才容易吸收。据研究，养分吸收高峰期，氮素在 6～9 月份，钾素在 7～8 月份，其他元素也以夏、秋季吸收量为最大（图 2-3）。

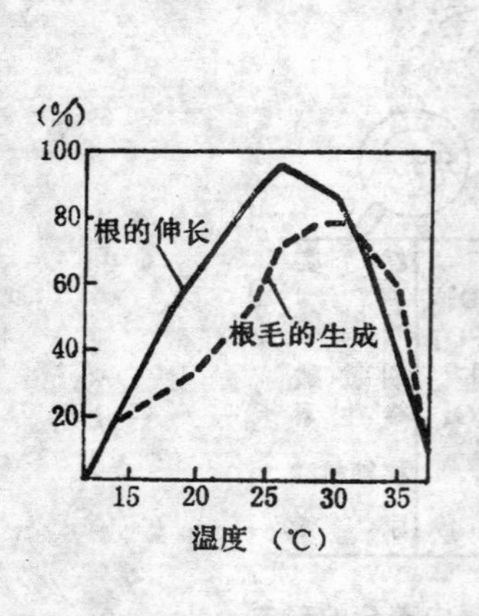

图 2-2　柑橘根系的生长与温度的关系

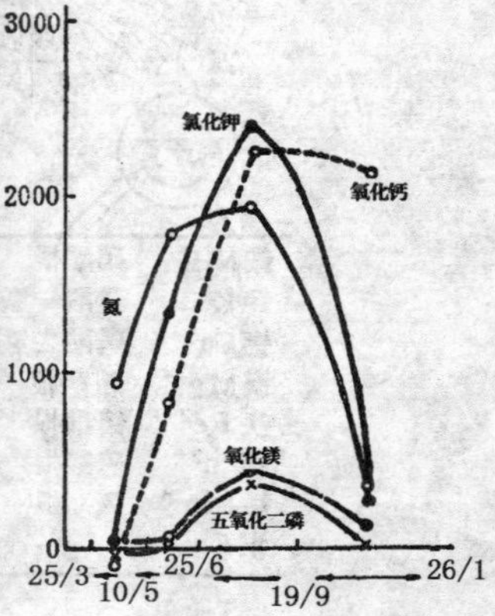

图 2-3　45 年生温州蜜柑无机养分的集积速度（全树）

（二）湿 度

保持一定的湿度有利于根系和叶片对养分的吸收，因为吸收养分需要水分参与，溶解在水里的养分容易被根系和叶片吸收。

（三）降 雨

降雨易引起叶面上的养分失效。因为雨水中的氢离子和重碳酸根离子可与叶片上的无机养分起置换反应，使养分溶脱，其他部位的养分也会遭受雨水溶脱而损失。

（四）土壤通气性

柑橘为好气性根系，根系在呼吸过程中需要较多的氧气，如土壤通气性差、氧气不足，根系的呼吸作用就会受到抑制，吸收养分的速度就会降低。土壤通气性除影响根系吸收养分外，还会影响土壤微生物的活动和土壤中有机质的矿化作用，从而影响养分释放，使有效养分含量减少。

（五）酸碱度（pH 值）

土壤和溶液中的酸碱度，都会影响养分的有效性，因为各种养分的溶解度受 pH 值的左右，如磷素养分在 pH 值 6～7 范围内有效性最高，而铁、锰、锌等养分在 pH 值 6 以下有效性高，在 pH 值 7 以上有效性极低。其他各种养分有效性与 pH 值的关系，见图 2-4。

酸碱度也影响根系对养分的吸收。因为根系吸收养分受蛋白质两性胶体的影响，具有同时吸收阴阳离子的能力。在酸性条件下，根系以吸收土壤中阴离子养分为主，如氮（硝态氮）、磷（磷酸根）、硫（硫酸根）等；而在碱性环境中，根系吸收阳离子能力较强，但实际上在 pH 值 7 时，根系吸收阳离子养分最多；pH 值 5 以下时，阳离子养分的吸收受到抑制。由此可见，土壤的酸碱度（pH 值）既影响根系对土壤中养分的吸收，又影响土壤中养分的有效性。

（六）营养元素间的相互关系

营养元素之间既有互相抑制根系吸收的拮抗作用，又有互相促进根系吸收的相助作用（图 2-5）。如钾与氮（铵态氮）、钙与钾、镁与钙之间有拮抗作用，而磷与镁有相助作用。

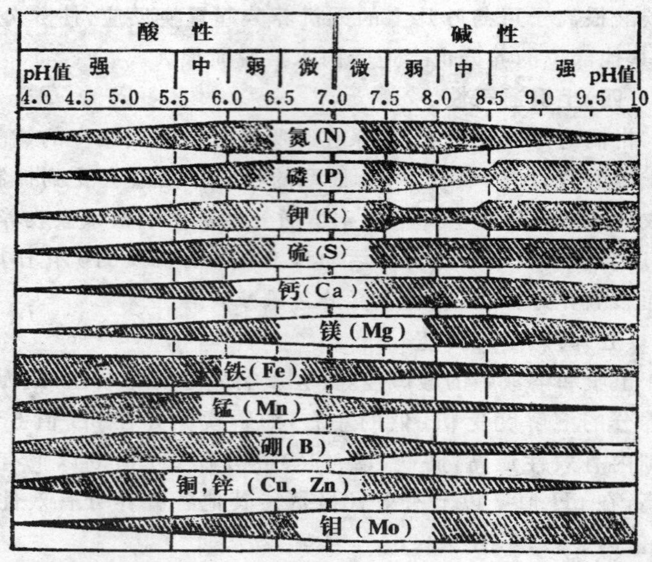

注:幅的宽窄表示养分有效性的高低

图 2-4 土壤 pH 值与养分有效性的关系

(七)"库"能的变化

树体养分的吸收也随着结果的有无、疏果的程度而变化。氮与磷的吸收量随着结果量的增加而下降,钾和水的吸收量反而增加。叶的"库"能以氮和磷为高,果实以钾和水的"库"能为高。同样道理,幼树比老树氮的"库"能较高,因此幼树果实品质差,但树势旺盛。另外,大年结果

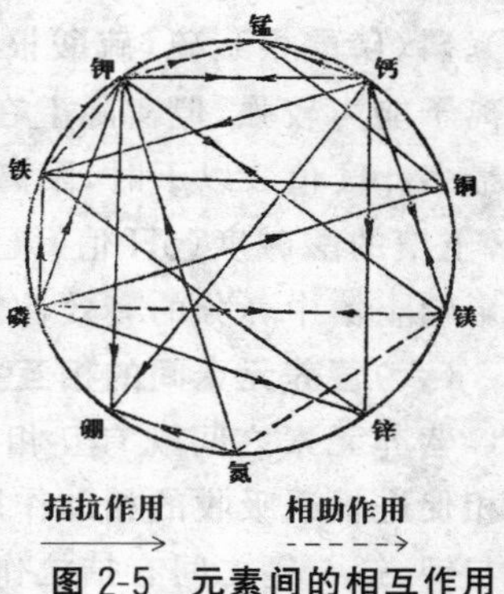

图 2-5 元素间的相互作用

树由于氮的吸收减少，糖的合成也少，使翌年成为结果小年。

（八）根系发育时期

在根系伸长期供给过多氮肥反而会阻碍氮的吸收，树体重量增加少；在根系伸长停止期供给氮肥，吸收氮素多，树体重量的增加也多，所以周年供给氮肥反而不好，会造成氮肥浪费，影响根系生长。为了利于根系生长，栽培地的氮肥浓度要低，特别是刚移栽后，施氮肥往往得不到好处。温州蜜柑在 6 月上旬的根系伸长期施肥会引起伤根，还会影响到夏季以后，使树势变差。在地温较高的 6～8 月份吸收养分较多，因为地温较高时，养分吸收几乎不受根系发育阶段的影响。

第三章　土壤类型与柑橘施肥

我国栽植柑橘的土壤类型，有以冲积物为母质的潮土、岩石风化而成的红壤和黄壤、第三纪紫色砂岩和页岩发育而来的紫色土，以浅海沉积物为母质的盐渍土和水稻土堆积而成的湿土等。这些土壤由于成土条件不同，理化性状差异较大。为适宜柑橘的生长和获得优质、高产和高效益，需要通过改土和施肥技术措施，改善土壤条件。

一、潮 土 类

（一）分　布

该类土壤分布于江河两岸的冲积台地上，包括清水砂、培泥砂土和涂性培泥砂土等，在浙江、四川、广东、广西、福建、江西、湖北和湖南等地均有分布。

（二）土壤条件与柑橘生长

这类土壤的成土母质为冲积物，经水流冲刷，质地匀细，呈不同程度的砂性，河流上游砂粒较粗，中游其次，下游较细，多为砾质砂土至砂壤土。土层深厚而松软，排水性能好，灌溉方便，pH 值近中性，适宜柑橘生长，一般根系发达，树体高大，寿命长，果实产量高，品质也好。

（三）改土和施肥

由于这类土壤通透性好，有机质分解迅速，养分容易流失。因此，这类土壤需要改良土质，最好每年冬春培河塘泥或水稻田表土，增施垃圾等有机质肥料，提高土壤有机质含量，增加土壤粘着力。

在这类土壤上施肥，见效快，养分容易流失，施肥以有机质肥料为主，化学肥料的施用要少量多次，不要一次施用过多，以免造成浪费。同时，要在土壤施肥的基础上配合根外追肥，提高施肥效果。对成年柑橘园要及时补充微量元素养分，一般锌、硼和钼等微量元素容易缺乏，可在每年春季新梢生长期喷施 0.2%～0.3%硫酸锌溶液，花期和幼果期喷施 0.1%～0.2%硼砂或硼酸溶液以及 0.05%～0.1%的钼酸铵或钼酸钠溶液，以喷湿树冠为度，不宜喷施过量。各种微量元素肥料的喷施次数，视缺乏程度而定，一般喷施 1～2 次即可。

二、湿 土 类

（一）分 布

湿土是水稻田改种柑橘的土壤。在四川、浙江、广东、广西、江西和福建等地柑橘产区均有分布。

(二)土壤条件与柑橘生长

这类土壤是由原来水稻田表土搬运堆垒而成,其母质多为浅海沉积物或冲积物,质地细粘,为重壤土至中粘土之类,有机质含量较高,保水保肥能力较强,肥力较高。由于所处地势低洼,四周多被水田包围,排水条件极差,地下水位较高,有效土层浅。柑橘根系生长浅而呈盘状,枯枝落叶较多,树体早衰现象普遍,产量不稳,品质也差。

(三)改土和施肥

这类土壤种植柑橘,首要任务是设置排灌系统,降低地下水位,筑墩抬高地面。可筑墩定植柑橘,实施深沟高畦的土壤管理措施。对土质过粘、有机质贫乏的,应培砂土和肥沃的河塘泥,可增施垃圾、焦泥灰和草皮泥等有机质肥料,以提高土壤通透性,以利于柑橘根系生长和吸收养分。

施肥上采取深浅结合等技术措施,即盘状浅施配合开穴深施,使施入的肥料能被各层次的根系吸收利用。肥料以有机肥为主,以液肥为好,如人粪尿、沤肥等,施用化学肥料时,最好用水溶解后浇施,切忌干施。如果用化学肥料撒施,应先浇水湿润土壤,然后撒施肥料,再及时覆土,防止养分挥发。

对成年柑橘园除施用氮、磷、钾肥料外,土杂肥、焦泥灰的施用有利柑橘根系生长,锌、钼等微量元素肥料的施用也十分必要,一般视树体和土壤中养分含量,在春梢生长期和幼果期及时喷施。

三、红 壤 类

(一) 分 布

开发丘陵山地红壤种植柑橘,是从新中国成立后开始的,至今在长江以南各地均有大面积红壤柑橘园，成为我国柑橘生产的主要土壤类型。

（二）土壤条件与柑橘生长

根据红壤化程度不同，红壤可分为红壤、砖红壤和赤红壤3种。其成土母质为第四纪红土砾石层或各种岩石的风化物，质地粗细相差较大，多为砾石砂土至中粘土范围，土壤pH值4.5～6之间。这类土壤在开垦种植柑橘之前多为荒山，水土流失严重，土壤中磷、钾、钙、镁养分贫乏，有机质含量多在1%以下，土壤结构性差，土层深浅不一，然而排水条件好，但由于缺乏水源，灌溉条件差。

柑橘栽培在此类土壤上，多因缺乏养分和水分，树体生长不良，柑橘营养失调症发生普遍而严重，如不加强肥水管理，易成“小老树”或树体死亡。而改土有力、肥培管理好的柑橘园，也能获得优质高产。

（三）改土和施肥

在这类土壤上种植柑橘，要修筑梯田，做好水土保持工作，营造防风林，建造水库，解决水源。然后是施用石灰，增施有机质肥料，种植绿肥，深翻压绿，以改良土壤，中和酸性，提高土壤有机质含量，改善土壤结构。

在施肥上，以有机质肥料为主，进行深翻深施，重视磷肥的施用，注意钾、钙、镁肥料的使用比例，防止三者比例的失调。同时，要配施微量元素肥料，如硼、锌、钼等。另外，还要防止锰过剩，以免引起柑橘树的“异常落叶症”。这种“异常落叶症”往往发生在长期使用酸性化学肥料、不重视施用石灰和有机肥料的柑橘园中。

四、黄壤类

（一）分　布

黄壤主要分布在云南、贵州和四川及湖北的西部等高山地区。

（二）土壤条件与柑橘生长

这类土壤地处高原山地，湿度大，呈酸性，母质为堆积物和多种岩石风化物，质地较粗，为砾石砂土至轻粘土。土壤中大量元素和微量元素因受成土母质和水土流失的影响，营养元素含量较低。近年，在湖北恩施地区车坝河水库温州蜜柑园内发现缺氮、缺硫症和钼过剩。这类土壤栽培的柑橘，一般生长较差，果实产量和品质也低。

（三）改土和施肥

黄壤的土壤改良措施与红壤相似，主要是使用石灰中和土壤的酸性，增施有机质肥料，提高土壤有机质和有效养分含量，间作套种绿肥，深翻压绿，改善土壤理化性状，加强地面覆盖，防止水土流失。

施肥应以有机肥为主，配施碱性化学肥料，以土壤深施为主，结合根外追肥；根据树体营养状况，叶面喷施硼、锌等微量元素。

五、紫色土类

（一）分　布

紫色土的分布与红壤相似，主要分布在四川、浙江、湖南、湖北、福建、江西及广西等地，以四川的面积最大。

（二）土壤条件与柑橘生长

紫色土是由石灰性紫色砂岩和页岩发育而来，这类成土母质极易风化，成土时间短，土壤养分丰富。其理化性状因成土时间和成土母质不同而有较大差异。土壤质地可分为紫色砂土和紫色粘土两种，而从土壤的pH值来划分，又可分为石灰性紫色土、中性紫色土和酸性紫色土三种。紫色砂土土质砂性、土层疏松，容易形成中性或酸性紫色土，在高温多雨的条件下，石灰性消失较快，养分易流失。紫色粘土脱钙酸化过程缓慢，土壤养分也不易被淋失，保水保肥能力较强。这类土壤养分丰富，柑橘生长较好。

微酸性紫色砂土最适宜柑橘生长，土壤通透性好，养分也较丰富，只要施肥合理，水土保持措施有力，柑橘容易获得优质高产，是较理想的丘陵山地植橘土壤类型。

（三）改土和施肥

紫色土的改良主要根据土壤质地和酸碱度来采取措施。石灰性紫色粘土，应施用硫黄粉和垃圾等有机质肥料，以改良、疏松土壤，降低pH值。酸性紫色砂土，视pH值高低酌情施用石灰和垃圾等有机质肥料，以提高pH值至近中性(6.5)，或培河塘泥，提高土壤有机质和保水保肥能力。

不论哪一种紫色土，都应以施有机肥料为主，幼龄柑橘园可行间套种间作绿肥，深翻压绿，成年柑橘园可施垃圾、猪牛栏肥以及稻草等作物茎秆。施用化学肥料，应根据土壤pH值高低而定，酸性紫色土应选用碱性化学肥料，石灰性紫色土应选用酸性化学肥料。

对患营养失调症的柑橘树，应采取根外追肥方法进行矫治。一般石灰性紫色土容易发生缺铁、缺锰和缺锌，而酸性紫色砂土容易发生缺硼、缺锌和缺镁。

六、盐土类

(一) 分　布

我国在 20 世纪 60 年代初,开始利用滨海滩涂地种植柑橘。目前在浙江、上海、福建沿海,有大面积盐土柑橘园。

(二)土壤条件与柑橘生长

滨海盐土柑橘园土壤条件受成土母质的影响,质地细粘,土层深厚,钾、钙、镁等养分丰富,土壤中可溶性盐含量随着质地和成土时间不同差异较大,质地较粗的砂质盐土脱盐快,返盐也易;质地较细的粘质盐土脱盐时间长,不易返盐。随着建园种植柑橘时间的延长,土壤盐分逐步下降,有机质含量逐年提高。目前盐土柑橘园的主要障害是土壤碳酸钙含量过高,使土壤呈强石灰性反应,pH 值高达 8.5～9 之间,柑橘普遍发生缺铁、缺锰和缺锌的黄化失绿症,严重地影响着柑橘的生长,使柑橘产量低、品质差。

(三)改土和施肥

这类土壤的改良以降低土壤盐分和 pH 值为中心,开沟排水,降低地下水位,筑墩定植,深沟高畦(图 3-1),引淡(水)灌溉,洗盐养淡,间作套种绿肥,深翻改土,使用硫黄,增施有机质肥料,酸化土壤,降低 pH 值。

在施肥上,以有机质肥料为主,配合施用酸性化学肥料,根外追施铁、锰、锌等微量元素肥料。缺铁时,采取根吸方法,施入柠檬酸和硫酸亚铁混合液加以矫正。另外,要注意磷、钾肥的施用量,磷施过量会诱发和加重缺铁、缺锌症,增施钾肥有利调节钾、钙比例。要控制氯化钾肥的施用,柑橘最好施用硫酸钾或硝酸钾肥料,因为柑橘是忌氯作物。

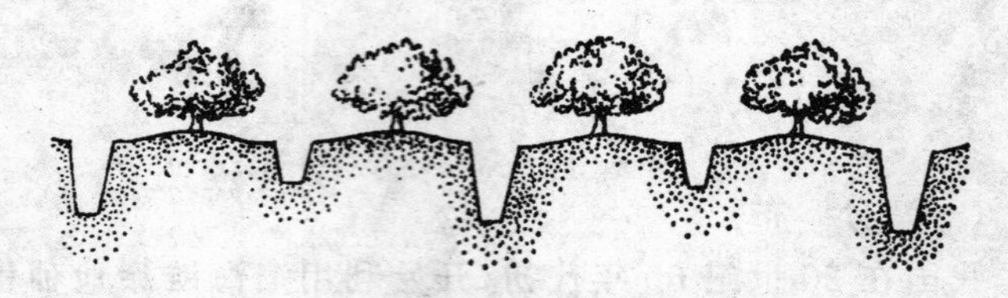

图 3-1 柑橘深沟高畦栽植示意图

现将我国柑橘园的土壤类型及主要理化性状、柑橘园土壤改良标准及常用肥料一次最大施用量列表如下(表 3-1,表 3-2,表 3-3),供参考。

表 3-1 柑橘园土壤的改良标准

	项　目	腐殖质土壤	红壤或质地细粘的冲积土
化学性质	pH 值(H_2O)	6.0～6.5	6.0～6.5
	pH 值(KC1)	5.5～6.0	5.5～6.0
	有机质(%)	5%以上	3%以上
	代换性钙(CaO)	280 毫克以上	200 毫克以上
	代换性镁(MgO)	25 毫克以上	25 毫克以上
	代换性钾(K_2O)	15 毫克以上	15 毫克以上
	氧化钙(CaO)饱和度	50%以上	50%以上
	氧化钙/氧化镁当量比	6 以下	6 以下
	有效磷(P_2O_5)	2 毫克以上	10 毫克以上
	电导值(EC)	1.0 毫姆欧以下	1.0 毫姆欧以下
物理性质	三相中气相比率(pF1.5)	25%～30%	25%～30%
	有效含水量	20%以上	20%以上
	紧密度(中山仪)	20 毫米以下	20 毫米以下
	根系有效土层深度	60 厘米以上	60 厘米以上

表 3-2　我国柑橘园的土壤类型及主要理化性状

土壤类型	质　地	pH 值 (H_2O)	有机质 (%)	有效养分含量(毫克/千克)范围							
				氮	磷	钾	钙	镁	铁	锰	锌
红　壤	重壤—轻粘	5.0~6.0	0.7~1.5	100~250	30~60	100~200	300~500	20~70	80~150	20~40	3~6
黄　壤	重壤—轻粘	4.5~5.5	1.0~2.0	150~300	150~350	450~750	400~700	50~150	35~100	15~35	1~3
紫色土	轻壤—轻粘	5.5~8.5	1.5~2.0	150~300	150~300	300~500	100~3 000	40~100	3~50	5~15	1~4
湿　土	重壤—中粘	6.0~7.5	2.0~3.0	200~350	200~350	400~600	1 000~1 500	150~370	160~500	10~30	12~20
潮　土	轻壤—重壤	7.0~7.5	1.5~2.0	150~300	150~250	90~150	500~1 800	100~200	100~300	5~20	5~10
盐　土	轻粘—中粘	8.0~9.0	0.8~1.5	85~150	90~150	200~400	4 000~5 500	300~400	2.5~25	1~3	2~5

表 3-3　各种肥料一次最大施用量　(单位:克/米^2)

土　壤	硫酸铵	尿　素	过磷酸钙	硫酸钾	氯化钾	磷铵系复合肥	尿素系复合肥	鱼粉、鸡粉	饼肥、糠
红　壤	34.0	45.0	340	56	11	45	67	170	455
黑　土	45.0	67.0	568	67	22	45	125	230	462
砂　土	4.5	4.5	113	8	3	9	25	56	113

注:①适温情况下,土壤溶液为 202.65 千帕(2 个大气压)时的最大施用量　②夏季干旱时,要减少施用量

③黑土为有机质丰富的火山灰土壤

第四章 柑橘营养诊断与营养失调症防治

柑橘营养诊断常用的方法有叶分析诊断、果实分析诊断、土壤分析诊断、综合诊断施肥(DRIS)法及形态诊断等。

一、叶分析诊断与诊断指标

叶片营养元素含量的高低,能反映出树体营养状况。通过叶片营养元素含量的测定,可以了解树体的营养水平,为施肥提供可靠依据。它比形态诊断能更早地了解树体营养状况。

供分析诊断的叶样采集,一般根据诊断内容决定。例如,为了解树体营养状况而进行叶分析诊断时,可采集4~7个月

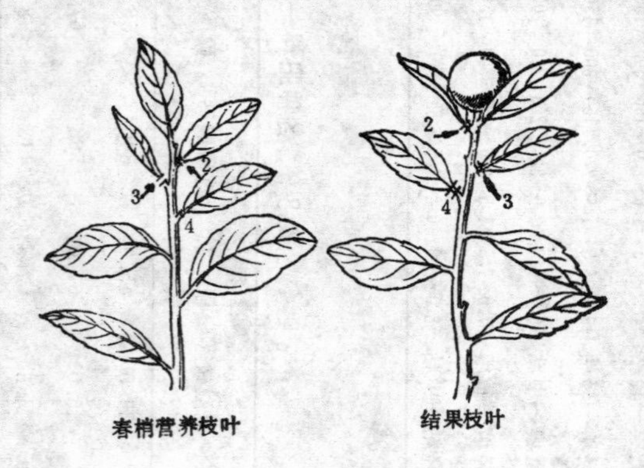

图4-1 分析用叶的采样部位(中位叶)

叶龄的春梢营养枝叶或结果枝叶的中位叶(图4-1),也有采

集顶叶的，但顶叶往往生长不正常，即叶形偏小。当为了比较叶养分含量，对营养失调症作诊断时，则可采集成熟的患病叶（即症状叶）和相同叶龄的同一部位的正常叶作比较分析。

供分析诊断的叶片样品，采后用自来水冲洗，用脱脂棉擦洗叶正反面，然后用稀的弱酸（2%醋酸等）漂洗半分钟，再用碱性洗涤剂（0.1%）漂洗半分钟，最后用纯水（去离子水）漂洗干净，经晾干和烘干（60～80℃），粉碎，干燥保存。

（一）氮素叶分析诊断

柑橘 4～10 个月龄的结果枝叶片，全氮含量低于 2%时为缺氮，2.2%～3%时为适量，超过 3.6%时为氮过剩。由于品种和样品来源不同，其诊断标准也有一定差异（表 4-1）。

（二）磷素叶分析诊断

柑橘 4～10 个月叶龄的结果枝叶含磷量低于 0.1%为缺磷，0.15%左右为适量，超过 0.3%为磷过剩。不同品种和不同样品来源的诊断标准见表 4-2。

（三）钾素叶分析诊断

柑橘 4～10 个月叶龄的结果枝叶片含钾量低于0.3%或0.8%为缺钾，1%～1.6%为适量，超过 1.8%为钾过剩。不同品种和不同样品来源的诊断标准见表 4-3。

（四）钙素叶分析诊断

柑橘叶片含钙量在 2%～5%范围内。酸性红壤土上栽植的柑橘，叶片中钙含量较低，盐渍土和石灰性土壤上栽培的柑橘，叶含钙量较高。柑橘叶分析诊断表明，4～7 个月龄结果枝叶含钙量低于 2%为缺钙，2.5%～4.5%为适量，超过 6%为钙过剩。不同品种和不同样品来源的诊断标准见表 4-4。

（五）镁素叶分析诊断

柑橘 5～7 个月龄的春梢营养枝叶，镁含量低于 0.2%为

表 4-1　柑橘叶片全氮含量诊断标准　（单位：%）

品　种	采样部位	缺　乏	少	适　量	多	过　剩	引用文献
早熟温州蜜柑	7 个月龄结果枝叶	<2.3	2.31～2.7	2.71～3.2	3.21～3.81	>3.81	[日]和歌山(1976)
普通温州蜜柑	7 个月龄结果枝叶	<2.5	2.51～2.9	2.91～3.4	3.41～4	>4.01	[日]和歌山(1976)
普通温州蜜柑	6 个月龄春梢营养枝叶	—	—	3～3.5	—	—	成慎坤等(1985)
椪　柑	7 个月龄结果枝叶	<2.1	2.11～2.5	2.51～3	3.01～3.6	>3.61	[日]和歌山(1976)
椪　柑	4～7 个月龄春梢营养枝叶	—	—	2.7～3.3	—	—	庄伊美等(1985)
甜　橙	4～7 个月龄春梢营养枝叶	<2.2	2.2～2.49	2.5～2.7	2.8～3	>3	Smith(1966)
柑　橘	4～10 个月龄结果枝叶	0.6～1.9	1.9～2.1	2.2～2.7	2.5～3.5	>3.6	尾崎清(1962)
伏令夏橙	5～7 个月龄不结果枝叶	<2.2	2.2～2.3	2.4～2.6	2.7～2.8	>2.8	Reuther(1962)
柑　橘	5～10 个月龄结果枝叶	<2	—	—	—	—	俞立达等(1985)
本地早	4～7 个月龄春梢营养枝叶	—	—	2.8～3.2	—	—	俞立达等(1990)
锦　橙	6 个月龄春梢营养枝叶	—	—	2.75～3.25	—	—	周学伍等(1992)
柳　橙	4～7 个月龄春梢营养枝叶	—	—	2.5～3.3	—	—	王仁玑等(1992)
脐　橙	4～7 个月龄春梢营养枝叶	—	—	2.3～2.49	—	—	吴金虎等(1993)

表 4-2 柑橘叶片含磷量诊断标准 （单位：%）

品种	枝叶类型	缺乏	少	适量	多	过剩	引用文献
柑橘	7 个月龄结果枝叶	0.10	0.11～0.15	0.16～0.20	0.21～0.24	>0.25	[日]和歌山(1976)
温州蜜柑	6 个月龄春梢营养枝叶	—	—	0.15～0.18	—	—	成慎坤等(1985)
柑橘	4～10 个月龄结果枝叶	<0.07	0.07～0.11	0.12～0.18	0.19～0.29	>0.3	尾崎清(1962)
椪柑	4～7 个月龄春梢营养枝叶	—	—	0.12～0.15	—	—	庄伊美等(1985)
甜橙	4～7 个月龄春梢营养枝叶	<0.09	0.09～0.11	0.12～0.16	0.17～0.29	>0.3	Smith(1966)
柑橘	7 个月龄结果枝叶	<0.1	0.11～0.15	0.16～0.20	0.21～0.24	>0.25	[日]和歌山(1976)
伏令夏橙	5～7 个月龄不结果枝叶	<0.09	0.09～0.11	0.12～0.16	0.17～0.29	>0.3	Reuther(1962)
锦橙	6 个月龄春梢营养枝叶	—	—	0.14～0.17	—	—	周学伍等(1992)
本地早	4～7 个月龄营养枝叶	—	—	0.14～0.18	—	—	俞立达等(1990)
柳橙	4～7 个月龄营养枝叶	—	—	0.12～0.18	—	—	王仁玑等(1992)
脐橙	4～7 个月龄营养枝叶	—	—	0.15～0.19	—	—	吴金虎等(1993)

表 4-3 柑橘叶片含钾量的诊断标准 （单位：K_2O%）

品 种	采样部位	缺 乏	少	适 量	多	过 剩	引用文献
温州蜜柑	7个月龄结果枝叶	<0.8	0.81～1	1.01～1.6	1.61～1.8	>1.81	[日]和歌山(1976)
温州蜜柑	6个月龄春梢营养枝叶	—	—	1～1.6	—	—	成慎坤等(1985)
柑 橘	4～10个月龄结果枝叶	<0.3	0.4～0.9	1～1.7	1.8～1.9	>2	尾崎清(1962)
椪 柑	6个月龄结果枝叶	<0.5	0.51～0.7	0.71～1.3	1.31～1.5	>1.51	[日]和歌山(1976)
椪 柑	4～7个月龄春梢营养枝叶			1～1.8			庄伊美等(1985)
甜 橙	4～7个月龄春梢营养枝叶	<0.7	0.7～1.1	1.2～1.7	1.8～2.3	>2.4	Smith(1966)
柑 橘	4～10个月龄结果枝叶	<0.3	0.3～0.9	—	—	—	俞立达(1985)
本地早	4～7个月龄营养枝叶	—	—	1～1.7	—	—	俞立达等(1990)
伏令夏橙	5～7个月龄不结果枝叶	<0.7	0.7～1.1	1.2～1.7	1.8～2.3	>2.3	Reuther(1962)
锦 橙	6个月龄春梢营养枝叶	—	—	0.7～1.5	—	—	周学伍等(1991)
柳 橙	4～7个月龄春梢营养枝叶			1～2			王仁玑等(1992)
脐 橙	4～7个月龄春梢营养枝叶			0.82～1.45		—	吴金虎等(1993)

表 4-4　柑橘叶片中钙含量的诊断指标　(单位:%)

品　种	采样部位	缺　乏	少	适　量	多	过　剩	引用文献
温州蜜柑	春梢营养枝叶	<2	—	2.5～3.5	—	—	〔日〕静冈
椪　柑	4～7个月龄春梢营养枝叶	—	—	2.3～2.7	—	—	庄伊美等(1985)
柑　橘	7个月龄结果枝叶	—	<2	2.01～4.5	>4.51	—	〔日〕和歌山(1976)
柑　橘	4～10个月龄结果枝叶	<2	2～2.9	3～6	6～7	>7	尾崎清(1962)
甜　橙	4～7个月龄春梢营养枝叶	<1.5	1.5～2.9	3～4.5	4.6～6	>6	Smith(1966)
伏令夏橙	5～7个月龄不结果枝叶	<1.6	1.6～2.9	3～5.5	5.6～6.9	>7	Reuther(1962)
宽皮柑橘	4～7个月龄结果枝叶	<2	—	—	—	—	俞立达等(1985)
本地早	4～7个月龄营养枝叶	—	—	3～5.2	—	—	俞立达等(1990)
锦　橙	6个月龄春梢营养枝叶	—	—	3.2～5.5	—	—	周学伍等(1992)
柳　橙	4～7个月龄春梢营养枝叶	—	—	2～3.5	—	—	王仁玑(1992)
脐　橙	4～7个月龄春梢营养枝叶	—	—	3.68～5.13	—	—	吴金虎等(1993)

表 4-5　柑橘叶片含镁量的诊断指标　（单位：氧化镁%）

品　种	采样部位	缺　乏	少	适　量	多	过　剩	引用文献
温州蜜柑	春梢营养枝叶	<0.25	—	0.30～0.50	—	—	〔日〕静冈
柑　橘	7个月龄结果枝叶	<0.2	0.21～0.3	0.31～0.45	0.46～0.6	>0.6	〔日〕和歌山(1976)
椪　柑	4～7个月龄春梢营养枝叶	—	—	0.25～0.38	—	—	庄伊美等(1986)
甜　橙	4～7个月龄春梢营养枝叶	<0.20	0.2～0.29	0.30～0.49	0.5～0.7	>0.8	Smith(1966)
伏令夏橙(Velencia)	5～7个月龄不结果枝叶	<0.16	0.16～0.25	0.26～0.6	0.7～1.1	>1.2	Reuther(1962)
早熟温州蜜柑、槾橘、朱红	5～7个月龄结果枝叶	<0.15	—	—	—	—	俞立达等(1985)
本地早	4～7个月龄营养枝叶	—	—	0.30～0.55	—	—	俞立达等(1990)
温州蜜柑	5～6个月龄春梢营养枝叶	<0.25	—	—	—	—	欧阳洮等(1985)
锦　橙	6个月龄春梢营养枝叶	—	—	0.2～0.5	—	—	周学伍等(1992)
柳　橙	4～7个月龄春梢营养枝叶	—	—	0.22～0.4	—	—	王仁玑等(1992)
脐　橙	4～7个月龄春梢营养枝叶	—	—	0.2～0.4	—	—	吴金虎等(1993)

缺乏，0.3%～0.5%为适量，超过0.6%为过剩，诊断标准见表4-5。

（六）硫素叶分析诊断

柑橘叶片中含硫量，一般在0.15%～0.3%之间。温州蜜柑春梢营养枝叶硫含量少于0.13%为缺乏，0.25%左右为适量，多于0.5%为过量。其诊断标准见表4-6。

（七）铁素叶分析诊断

海涂柑橘缺铁诊断结果表明，患失绿黄化病树缺铁症状时，叶含铁量（6摩尔盐酸提取的活性铁量）都在40毫克/千克以下。正常叶含铁量在40毫克/千克以上，正常树4～6个月叶龄的春梢营养枝叶含铁量大于50毫克/千克。不同品种和不同枝梢叶铁的含量诊断标准见表4-7。

（八）锰素叶分析诊断

温州蜜柑5～6个月龄的春梢营养枝叶锰含量低于20毫克/千克时出现缺锰症状，生长正常树叶片含锰量在25～100毫克/千克范围，患锰过剩症树的叶含锰量多超过100毫克/千克，不同品种和不同枝叶的锰含量诊断标准见表4-8。

（九）锌素叶分析诊断

叶分析结果表明，患缺锌症树4～7个月叶龄的春梢叶（包括结果枝和不结果枝），含锌量低于15毫克/千克时，多数叶出现缺锌症状，生长正常的叶锌含量在20毫克/千克左右，正常树上的春梢叶在25～100毫克/千克范围内。不同品种和不同类型的叶锌含量诊断标准见表4-9。

（十）铜素叶分析诊断

甜橙叶分析结果表明，4～7个月叶龄的结果枝叶或营养枝叶，含铜量低于4毫克/千克时，均会出现缺乏症状，生长正常树的叶片含铜量在5～15毫克/千克范围。不同品种和不同类型叶的铜含量诊断标准见表 4-10。

（十一）钼素叶分析诊断

柑橘叶片中钼含量低，叶分析诊断结果表明，柑橘缺钼临界值为 0.05 毫克/千克，0.1～3 毫克/千克为适量，大于 5 毫克/千克就有可能发生中毒。不同品种和不同类型叶片的钼含量诊断标准见表 4-11。

（十二）硼素叶分析诊断

柑橘叶硼含量因叶龄不同而有差异。叶分析结果表明，4～7 个月叶龄的春梢营养枝叶，硼含量低于 15 毫克/千克为缺乏，26～100 毫克/千克范围为适量，超过 250 毫克/千克为过剩。各品种、类型叶片含硼量的诊断标准见表 4-12。

（十三）氯素叶分析诊断

有明显氯过剩症状的叶含氯量为 0.75%～1.5%，温州蜜柑叶含氯量超过 0.3%时，就有可能出现氯过剩症状。不同品种和不同类型叶的氯含量诊断标准见表 4-13。

二、土壤诊断与诊断指标

土壤诊断是应用物理和化学的方法，对土壤肥力和供肥性能作出判断，是指导柑橘施肥的有力依据。

（一）土壤诊断的主要内容及测定项目

一是向园主了解柑橘产量、品质、生长和土壤管理等情况。二是观察现场和实地调查树体生长、结实和根系状况，以及土壤物理性状、团粒结构和保水能力等。三是测定土壤酸碱度（pH 值）、有机质、磷、钾、钙、镁和微量元素等含量（表 4-14）。

表 4-6　柑橘叶片含硫量的诊断标准　（单位：%）

品种	采样部位	缺乏	少	适量	多	过剩	引用文献
甜橙	4～10 个月龄春梢结果枝叶	0.05～0.13	0.14～0.19	0.20～0.30	0.40～0.49	>0.5	Chapman(1961)
温州蜜柑	4～7 个月龄春梢营养枝叶	<0.13	0.13～0.19	0.20～0.30	0.31～0.49	>0.5	俞立达等(1991)
甜橙	4～7 个月龄春梢营养枝叶	<0.14	0.14～0.19	0.20～0.39	0.40～0.60	>0.6	A. Cohen，董行健译(1979)

表 4-7　柑橘叶片含铁量的诊断标准　（单位：毫克/千克）

品种	采样部位	缺乏	少	适量	多	引用文献
温州蜜柑	4～6 个月龄春梢营养枝叶	<40	—	50～100	—	俞立达(1985)
本地早	4～7 个月龄春梢营养枝叶	—	—	50～130	—	俞立达(1990)
柑　橘	4～10 个月龄结果枝叶	<40	40～60	60～150	150	尾崎清(1962)
甜　橙	4～7 个月龄春梢营养枝叶	<35	35～49	50～100	130～200	Smith(1966)
伏令夏橙	5～7 个月龄不结果枝叶	<36	36～59	60～120	130～200	Reuther(1962)
锦　橙	6 个月龄营养枝叶	—	—	60～170	—	周学伍等(1991)
椪　柑	4～7 个月龄春梢营养枝叶	—	—	50～140	—	庄伊美等(1985)
柳　橙	4～7 个月龄春梢营养枝叶	—	—	90～160	—	王仁玑等(1991)

表 4-8 柑橘叶片锰含量的诊断标准（单位:毫克/千克）

品　种	采样部位	缺　乏	少	适　量	多	过　剩	引用文献
温州蜜柑	5～6个月龄春梢营养枝叶	<20	—	25～100	—	>200	俞立达等(1979)
本地早	4～7个月龄营养枝叶	<20.0	—	25～100	—	—	俞立达等(1985，1990)
柑　橘	4～10个月龄结果枝叶	5～20	21～24	25～100	100～200	300～1 000	〔日〕和歌山(1976)
甜　橙	4～7个月龄春梢营养枝叶	<18	18～24	25～49	50～500	1 000	Smith(1966)
伏令夏橙	5～7个月龄不结果枝叶	<16	16～24	25～200	300～500	>1 000	Reuther(1962)
伏令夏橙	5～7个月龄不结果枝叶	—	—	—	—	800～1 000	欧阳洮(1988)
锦　橙	6个月龄春梢营养枝叶	—	—	20～40	—	—	周学伍等(1991)
椪　柑	4～7个月龄春梢营养枝叶	—	—	20～150	—	—	庄伊美等(1985)
柳　橙	4～7个月龄春梢营养枝叶	—	—	20～100	—	—	王仁玑等(1992)

表 4-9　柑橘叶片锌含量诊断标准　（单位:毫克/千克）

品　种	采样部位	缺　乏	少	适　量	多	过　剩	引用文献
温州蜜柑	春梢营养枝叶	—	—	25～100	—	—	成慎坤等(1985)
温州蜜柑	春梢营养枝叶	<15	15～25	—	—	—	欧阳洮(1983)
本地早	4～7个月龄春梢营养枝叶	<15	—	20～100	—	—	俞立达等（1985，1990）
柑　橘	4～10个月龄结果枝叶	<15	15～24	25～100	110～200	>200	尾崎清(1962)
甜　橙	4～7个月龄春梢营养枝叶	<18	18～24	25～49	50～200	200	Smith(1966)
伏令夏橙	5～7个月龄不结果枝叶	<16	16～24	25～100	110～200	>300	Reuther(1962)
锦　橙	6个月龄春梢营养枝叶	—	—	13～20	—	—	周学伍等(1991)
椪　柑	4～7个月龄春梢营养枝叶	—	—	20～50	—	—	庄伊美等(1985)
柳　橙	4～7个月龄春梢营养枝叶	—	—	25～70	—	—	王仁玑(1992)

表 4-10 柑橘叶片铜含量的诊断标准 （单位：毫克/千克）

品种	采样部位	缺乏	少	适量	多	过剩	引用文献
甜橙	4～7 个月龄春梢营养枝顶端叶	<4	4.1～5.9	6～16	17～23	23	Chapman(1973)
甜橙	4～7 个月龄结果枝顶端叶	<4	—	4～10	15	—	Chapman(1973)
甜橙	4～7 个月龄春梢营养枝顶端叶	<3.6	3.7～4.9	5～12	13～19	20	Smith(1966)
柑橘	4～10 个月龄结果枝叶	<4	4.1～5	5.1～15	15.1～20	>20	尾崎清(1962)
伏令夏橙	5～7 个月龄不结果枝叶	<3.6	3.6～4.9	5～16	17～22	>22	Reuther(1962)
锦橙	6 个月龄春梢营养枝叶	—	—	4～8	—	—	周学伍等(1991)
椪柑	4～7 个月龄春梢营养枝叶	—	—	4～16	—	—	庄伊美等(1985)
柳橙	4 个月龄春梢营养枝叶	—	—	4～18	—	—	王仁玑等(1992)
本地早	4 个月龄春梢营养枝叶	—	—	4～10	—	—	俞立达等(1990)
温州蜜柑	4～7 个月龄春梢营养枝叶	—	—	4～10	—	—	成慎坤等(1985)

表 4-11 柑橘叶片钼含量的诊断标准 （单位：毫克/千克）

品种	采样部位	缺乏	少	适量	多	过剩	引用文献
甜橙	4～7 个月龄春梢营养枝叶	0.05	0.06～0.09	0.1～1	2～50	100	A. Cohen(1978)
甜橙	4～10 个月龄春梢结果枝叶	0.01～0.05	0.06～0.09	0.1～3	4～100	>100	Chapman(1961)
宽皮柑橘	4～7 个月龄营养枝叶	<0.05	—	—	—	—	俞立达等(1990)

表 4-12　柑橘叶片中硼含量的诊断标准　（单位:毫克/千克）

品　种	样品来源	缺　乏	少	适　量	多	过　剩	引用文献
温州蜜柑	4～7个月龄春梢营养枝叶	—	—	30～100	—	—	成慎坤等(1985)
甜　橙	4～7个月龄春梢营养枝叶	<20	20～35	36～100	101～200	>260	Smith(1966)
柑　橘	4～10个月龄结果枝叶	<15	15～40	50～200	200～250	>250	尾崎清(1962)
伏令夏橙	5～7个月龄不结果枝叶	<21	21～30	31～100	101～260	>260	Reuther(1962)
红　橘	4～6个月龄春梢营养枝叶	<10	10～25	26	—	—	俞立达等(1985)
本地早	4～7个月龄营养枝叶	—	—	26～100	—	—	俞立达等(1990)
锦　橙	6个月龄春梢营养枝叶	—	—	40～110	—	—	周学伍等(1991)
椪　柑	4～7个月龄营养枝叶	—	—	20～60	—		庄伊美等(1985)
柳　橙	4～7个月龄营养枝叶	—	—	25～100	—	—	王仁玑等(1992)

表 4-13　柑橘叶片含氯量的诊断标准　（单位:%）

品　种	采样部位	缺　乏	适　量	多	过　剩	引用文献
甜　橙	4～10个月龄结果枝叶	—	0.02～0.15	0.2～0.3	>0.4	Chapman(1961)
甜　橙	4～7个月龄春梢营养枝叶	—	<0.2	0.3～0.5	>0.7	A. Cohen(1978)
温州蜜柑	4～7个月龄春梢营养枝叶	—	<0.15	0.15～0.3	>0.3	俞立达等(1976)

表 4-14　访问调查表　　调查地点：

<table>
<tr><td colspan="3">园主名</td><td colspan="2"></td><td colspan="2">调查者</td><td colspan="2">年　月　日</td></tr>
<tr><td rowspan="6">土壤管理</td><td colspan="2">深耕</td><td colspan="2">年次</td><td colspan="2">深度</td><td colspan="2">广度</td></tr>
<tr><td colspan="2">绿肥</td><td colspan="2">种类</td><td colspan="2">次数</td><td colspan="2">产量（千克）</td></tr>
<tr><td colspan="2">改土</td><td colspan="2">材料</td><td colspan="2">次数</td><td colspan="2">数量（千克）</td></tr>
<tr><td colspan="2">覆盖</td><td colspan="2">材料</td><td colspan="2">次数</td><td colspan="2">数量（株）</td></tr>
<tr><td colspan="2">中耕</td><td colspan="2">时间</td><td colspan="2">次数</td><td colspan="2"></td></tr>
<tr><td colspan="2">灌溉</td><td colspan="2">时间</td><td colspan="2">次数</td><td colspan="2">方式</td></tr>
<tr><td rowspan="6">施肥</td><td rowspan="2">肥料种类</td><td rowspan="2">数量（千克）</td><td colspan="5">养分量（千克）</td><td rowspan="2">施肥期</td></tr>
<tr><td>N</td><td>P_2O_5</td><td>K_2O</td><td>Ca</td><td>Mg</td></tr>
<tr><td></td><td></td><td></td><td></td><td></td><td></td><td></td><td></td></tr>
<tr><td colspan="3">施肥方法：</td><td colspan="3">施肥部位：</td><td colspan="2">施肥后的管理：</td></tr>
<tr><td colspan="8">前 3 年的施肥量：</td></tr>
<tr><td colspan="8">历年产量（千克）：</td></tr>
<tr><td rowspan="2">调查目的</td><td colspan="8">发生和存在的问题：</td></tr>
<tr><td colspan="8">解决问题的意见和措施：</td></tr>
</table>

（二）土壤分析样品的采集和处理

采集分析用的土壤样品，必须具有代表性，要严格把好采样关，才能保证分析结果的准确性，准确地反映土壤状况。采样部位：在土壤肥力条件均匀的柑橘园中采集土壤样品时，可用对角线方式布点，并在每一采样点的树冠滴水线附近挖土坑或用土钻采样（图 4-2）。土壤条件不一致的柑橘园中采集土壤样品时，应分段布点采样。山坡地柑橘园，上中下各部位的土壤质地和肥力水平有一定差异，如果布点不合理，所采集的土壤样品就会缺乏代表性。因此，山坡地柑橘园的采样应按等高梯地（或等高线）布置采样点（图 4-3）。

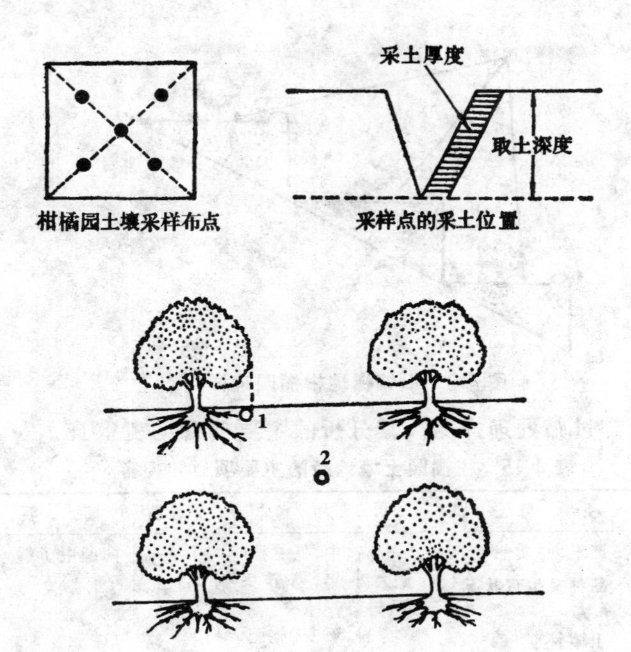

图 4-2 柑橘园土壤采样部位示意图

1. 树冠下采样部位 2. 果树行间取样部位

采土深度视柑橘根系分布状况，以采集根系密集层土壤为主，因此，多在 0～40 厘米或 0～60 厘米范围土层内采集，采土厚度要求上下均匀。采集的土样要去掉根系和石块、粗有机物等杂物。当分两层以上采样时，应从下到上采集土壤，即先采下层后采上层，这样可防止上层土壤混入下层土壤。然后将采集到的各点土样分层（同一层次）混合均匀，过多部分土样用四分法去除（每一个样品约 500 克），样品装入清洁的布袋或聚乙烯塑料袋中，在室内清洁阴暗处将土样摊在白纸上晾干，干后放入牛皮纸袋内干燥保存或送实验室，按分析项目

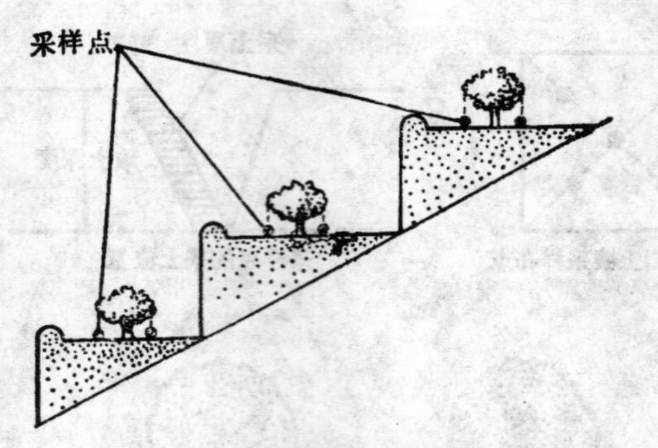

图 4-3 山坡梯地柑橘园采样点

要求粉碎过筛处理样品。其分析的主要项目见表 4-15。

表 4-15 柑橘园土壤诊断的主要项目和内容

	项目	内容	难易	摘要
访问园主	产量、品质	分高、中、低三档	易	向园主了解
	品种及生育状况	大小年、营养失调症、树势	易	
	土壤管理	深耕、石灰、施肥、绿肥或生草	易	
现场观察及实地调查	树体生育状况	大、小年,营养失调症,树势	易	实地观察
	土壤性状	各层土性和厚度	易	触感
	根系生长状况	根系密集层、紧密度	易	观察
	团粒结构程度、保水性	保水性和根群的关系	中	土性、有机质、结构
土壤分析诊断	土壤酸碱度	pH 值(H_2O)	中	测定 形态诊断为主 结合化学测定
	钾	钾(K_2O)		
	其他	磷(P_2O_5)		
		钙(CaO)		
		镁(MgO)		
		微量元素	难	

(三)土壤酸碱度(pH 值)测定

土壤酸碱度是影响土壤养分有效性和根系生长的一个重

要因素。因此，测定土壤 pH 值对分析土壤障碍、了解土壤养分有效性及供肥能力具有十分重要的意义。

（四）有机质测定

土壤有机质含量是反映土壤肥力高低的重要指标。土壤中有机质含量高，不仅反映氮素养分丰富，而且也表明土质松软，保水、保肥能力和缓冲性均强，作为地力三要素的物理性、化学性和生物性也好（图 4-4）。因此，一般有机质含量较高的柑橘园，柑橘根系生长好，树体健壮，产量和品质也高。

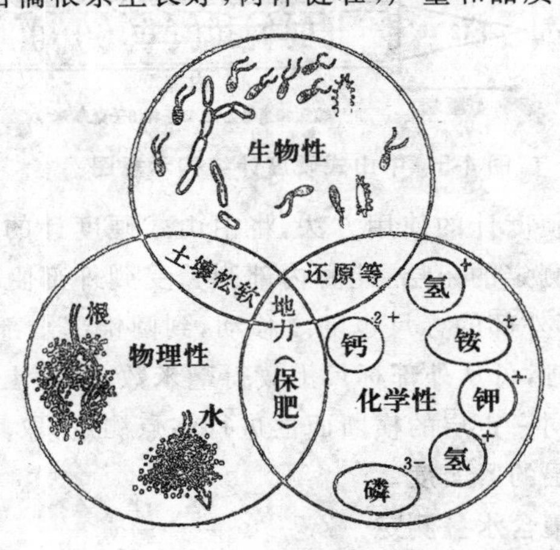

图 4-4　地力三要素示意图

土壤有机质含量高低的诊断，可通过目测和手感以及化学分析的方法。一般土壤色泽棕褐色至黑色较深的有机质含量高，手感松软的土壤有机质含量也较高。用化学方法测得的有机质含量在 2%以上的土壤，属有机质含量较高的柑橘园土壤。

（五）土壤紧实度测定

土壤紧实度是反映土壤通气透水性好坏和施肥效果的综合性物理指标。一般用中山式硬度计（图 4-5）测定。柑橘主要根群生长在 25 厘米土层以下，测定坚实度主要采用 25 厘米下的土层。

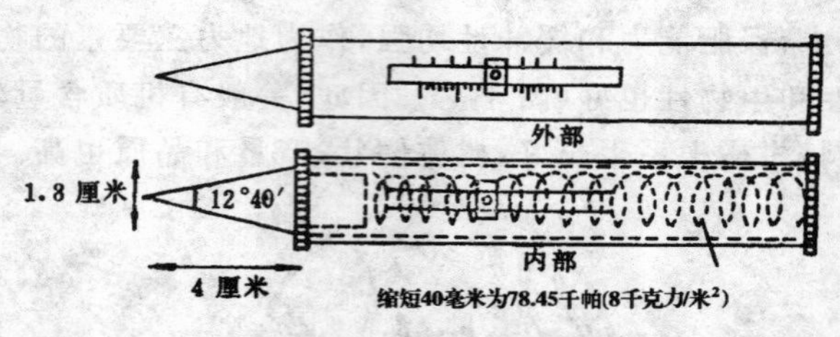

图 4-5　中山式硬度计结构示意图

中山式硬度计的使用方法：将中山式硬度计的圆锥状部的尖端插入测定的土层，此时内部弹簧受到外部阻力而发生位移，圆筒部外部的标尺也随之移动，到圆锥部全部（4 厘米）插入土层内时，可从外部标尺上读得毫米数，即得土层的紧实度。一般在同一土层的横断面上进行多点测定，取其平均值，代表这一土层的紧实度。

（六）土壤含水量测定

土壤含水量是反映土壤三相（固相、液相、气相）中的液相状况。柑橘生长所需要的水分，主要是靠根系从土壤中吸取，土壤含水量的高低还直接影响土壤三相的比例。土壤含水量过高时，气相比例减小，而影响根系呼吸作用，从而也影响根系对养分的吸收。土壤含水量低时，虽气相比例增大，空气量增加，然而根系吸收水分和养分量不足，使柑橘树体发生干旱和饥饿。因此，土壤含水量的测定，也是柑橘园土壤诊断的一个重要项目。柑橘园土壤适宜含水量为根群生长土层（60 厘米)的有效含水量30毫米以上,或有效水分(最大持水量-凋萎系数)20%以上。

土壤含水量测定,可采集根系生长土层的土壤10克,放入瓷皿中,加适量无水酒精与土样拌匀,小心点火燃烧,燃毕再加酒精点火,这样反复点火燃烧3次以上,冷却后称重,烧干土壤至恒重为止,然后计算出土壤含水量。

最大持水量是指土壤水分饱和时的含水量。凋萎系数是指柑橘出现凋萎时的土壤含水量。

(七)钾、钙、镁含量测定

柑橘生长发育所需要的钾、钙、镁养分,不仅要有足够的数量,还要求三者的比例适当,否则它们之间会产生拮抗作用,影响根系吸收。一般要求每100克土壤中代换性钾(K_2O)>15毫克、代换性钙(CaO)200毫克以上、代换性镁(MgO)25毫克以上;钾(K_2O)、钙(CaO)、镁(MgO)的当量比为2～10∶65～75∶20～25。

代换性钾、钙、镁含量的测定方法:用1摩尔醋酸铵(pH值7)提取土壤中钾、钙和镁,然后用原子吸收分光光度计测定。

(八)有效磷含量测定

磷是柑橘必需的三要素之一。一般要求柑橘园中土壤有效磷(P_2O_5)含量10毫克/100克干土〔相当于含磷(P)44毫克/千克〕。近些年来磷肥供应充足,普遍重视磷肥的施用,因此,我国除部分红壤和石灰性土壤外,大部分柑橘园土壤中有效磷含量较高(表4-16)。土壤有效磷的测定,一般针对不同土壤用不同提取剂、然后用比色法测定。

(九)微量元素测定

柑橘对微量元素营养比较敏感,容易发生微量元素营养失调症。特别是近些年来，随着大量营养元素肥料施肥水平的提高和柑橘单位面积产量的增加，柑橘生产上微量元素缺乏症的发生较为普遍。为了搞清柑橘微量元素缺乏症发生的原因和寻找有效的矫治方法，因此对土壤微量元素含量的测定也渐趋重视。微量元素的测定方法，对不同元素的不同形态，用不同提取剂，再用原子吸收分光光度计或比色计测定。

表 4-16 我国主要植橘土壤类型有效磷含量

土壤类型	分布地区	成土母质	有效磷(P)范围(毫克/千克)	含量平均值(毫克/千克)	资料来源
红壤	浙江、湖南、江西、福建	第四纪红土、古洪积物、红色砂岩	38.4～89.3	57.30	俞立达等(1985)
石灰性土壤	湖南、广西等	石灰岩、白云质灰岩	痕迹～42.0	8.40	欧阳洮(1990)
紫色土	四川、湖南、广西等	紫色砂岩、页岩	65.8～216.0	127.90	周学伍等(1991)
潮土	浙江、江西、广西等	河流冲积物	207.3～256.5	226.37	俞立达等(1985)
盐渍土	浙江、上海	浅海沉积物	69.4～144.6	97.80	俞立达等(1985)
湿土	浙江、广东等	浅海沉积物等	118.4～253.0	179.96	俞立达等(1985)
黄壤	四川、湖北、贵州	古沉积物等	334.9～343.7	339.30	周学伍等(1991)

在我国酸性红壤柑橘园内，土壤中硼、锌含量较低，往往容易引起柑橘缺硼和缺锌症。而碱性盐渍土和石灰性紫色土柑橘园中，土壤中有效态铁、锰和锌含量较低，常常发生柑橘缺铁和缺锰以及缺锌症。在一些长期不重视微量元素肥料施

用或有机肥料施用少的老柑橘园内，由于每年柑橘果实采收，带走了大量微量元素，因此也容易发生微量元素缺乏症，主要有缺锌、缺硼和缺钼症。

土壤中微量元素的测定，由于要求条件高、难度大，目前我国仅有一些科研单位才能测定。

土壤营养元素有效养分含量的诊断指标见表 4-17，表 4-18。

表 4-17 引起作物缺素或过剩的土壤中各营养元素含量

元素	引起缺素含量	正常含量	引起过剩含量
硝态氮	0.5 毫克以下	3～8 毫克	砂土 10 毫克 粘土 20 毫克以上
铵态氮	2.5 毫克以下	5～15 毫克	20 毫克以上
有效态磷	8～20 毫克或以下	30～100 毫克	300～500 毫克或以上
代换性钾	10 毫克以下	15～20 毫克	30～40 毫克或以上
代换性钙	100 毫克以下	200～400 毫克	500 毫克以上
代换性镁	10～15 毫克或以下	25～50 毫克	—
有效态硼	0.4 毫克/千克以下	0.8～2.0 毫克/千克	7 毫克/千克以上
易还原性锰	50～60 毫克/千克或以下	100～200 毫克/千克	300 毫克/千克以上
代换性锰	2～3 毫克/千克或以下	4～8 毫克/千克	10 毫克/千克以上
代换性铁	4～8 毫克/千克或以下	8～10 毫克/千克	—
可溶性锌	4 毫克/千克以下	8～40 毫克/千克	100 毫克/千克以上
可溶性铜	0.5 毫克/千克以下	0.8～1.5 毫克/千克	5 毫克/千克以上
有效态钼	0.03 毫克/千克以下	0.05～0.4 毫克/千克	—

注：表中大量元素为 100 克干土中所含毫克数　　（高桥英一等）

表 4-18 我国柑橘园土壤有效养分含量的适宜范围 （毫克/千克）

元素	提取方法	适量范围	引用文献
水解性氮	碱解法	＞150 100～200	庄伊美等(1981) 俞立达等(1991)

续表 4-18

元 素	提取方法	适量范围	引用文献
有效磷 (P_2O_5)	0.03 摩尔/升 NH_4F +0.025 摩尔/升 HCl 0.5 摩尔/升 $NaHCO_3$	>35 80～120	庄伊美等(1981) 俞立达等(1991)
有效钾 (K_2O)	1 摩尔/升 NH_4OAc	>120 150～450	庄伊美等(1981) 俞立达等(1991)
有效钙 (Ca)	1 摩尔/升 NH_4OAc	1000～2000 400～1000	俞立达等(1991) 庄伊美等(1991)
有效镁 (Mg)	1 摩尔/升 NH_4OAc	150～300 >100	俞立达等(1991) 庄伊美等(1991)
有效硫 (S)	0.016 摩尔/升 KH_2PO_4	>12	俞立达等(1993)
有效铁 (Fe)	(pH4)硫酸铵-醋酸铵 0.1 摩尔/升 HCl DTPA	>10 20～100 80～500	俞立达等(1983) 庄伊美等(1991) 俞立达等(1991)
代换性锰 (Mn)	(pH 值 7)1 摩尔/升 NH_4OAc	5～15 3～7	俞立达等(1993) 庄伊美等(1991)
易还原态锰 (Mn)	1 摩尔/升 NH_4OAc +0.2%对苯二酚	100～250 100～200	俞立达等(1983) 庄伊美等(1991)
螯合态锰 (Mn)	DTPA	100～300	俞立达等(1983)
有效锌 (Zn)	0.1 摩尔/升 HCl DTPA	2～8 6～10	庄伊美等(1991) 俞立达等(1983)
有效硼 (B)	沸水回流提取 沸水浸提	0.45～0.60 0.50～1.00	俞立达等(1991) 庄伊美等(1991)
有效铜 (Cu)	0.1 摩尔/升 HCl DTPA	2～6 3～8	庄伊美等(1991) 俞立达等(1991)
有效钼 (Mo)	草酸-草酸铵	0.15～0.30	庄伊美等(1991)

注：提供分析样品：俞立达等以潮土类为主，砧木以枸头橙为主；庄伊美等以红壤为主，以枳砧为主

三、果实分析诊断

了解果实中养分含量，是指导施肥的重要依据。果树生产中每年果实带走的养分主要是靠施肥给予补充。同时，施肥不仅影响产量，还影响着果实的品质。以质论价的市场经济中，果实品质的好坏，直接影响到经济效益。众多研究成果表明，无机营养元素的含量水平及它们之间的比例与果实品质和贮藏性有密切的关联。另有一些研究结果表明，果实中的一些生理性病害与营养元素的缺乏或过剩有关。

据柑橘果实中营养元素的测定结果，鲜果中含量以氮最高，依次是钾、钙、硫、磷、镁和氯、铁、锰、硼、铜、锌、钼等，见表4-19。

表4-19 柑橘每吨鲜果中营养元素的平均含量 （单位：克）

元素	含量	元素	含量	元素	含量	元素	含量
氮(N)	1906	钙(Ca)	526	硼(B)	2.2	锰(Mn)	2.8
磷(P)	173	镁(Mg)	127	铜(Cu)	1.2	锌(Zn)	0.9
钾(K)	1513	硫(S)	137	铁(Fe)	6.6	钼(Mo)	0.008
						氯(Cl)	24.7

从表4-19可见，每生产1吨柑橘鲜果，每年需要带走的氮素为1.91千克、磷为0.17千克、钾为1.5千克、钙为0.53千克、镁为0.13千克、硫为0.14千克等。同时，也阐明了柑橘正常果实中营养元素之间的比例范围。如氮钙的比例为3.62左右，钙镁的比例为4.14左右，氮钾的比例为1.26左右等等。尤其是那些有拮抗作用的营养元素间的比例失调，不仅影响它们的吸收，还会引发各种生理性病害，降低果实的品质和

贮藏性。因此，果实分析诊断不仅为计算施肥量提供可靠的依据，还为提高果实品质、实现高品质生产提供科学依据。

四、综合诊断施肥(DRIS)法

这套方法的特点是能对作物营养元素的需要次序进行诊断，且诊断的结果不因作物的不同而有差异，诊断的正确性也比临界值法为高。正因为如此，“综合诊断施肥法”越来越受到重视，并在农业生产上推广应用。这种方法又可分为图解法和指数法两种，指数法比较复杂，主要由专业技术人员来做，这里就图解法介绍如下。

图解法适宜于诊断氮、磷、钾的需肥次序，其特点是简便直观。现就皮弗尔等人提供的伏令夏橙氮、磷、钾三要素的施用数据制作的诊断图进行说明(表 4-20，图 4-6)。

表 4-20 伏令夏橙的 DRIS 诊断标准

元素比例	平均值 ($\bar{x}$)	标准差 (S·D)	变异系数 (C·V·%)
氮/磷	19.4642	1.8185	9.343
钾/氮	0.2625	0.0756	28.80
氮/钙	0.6293	0.0963	15.30
氮/镁	8.0946	2.3088	28.52
钾/磷	5.0746	1.3774	27.14
磷/钙	0.0326	0.0055	16.87
镁/磷	2.6198	0.8525	32.54
钾/钙	0.1667	0.0604	36.23
钾/镁	2.2066	1.1695	53.00
镁/钙	0.0825	0.0200	24.24

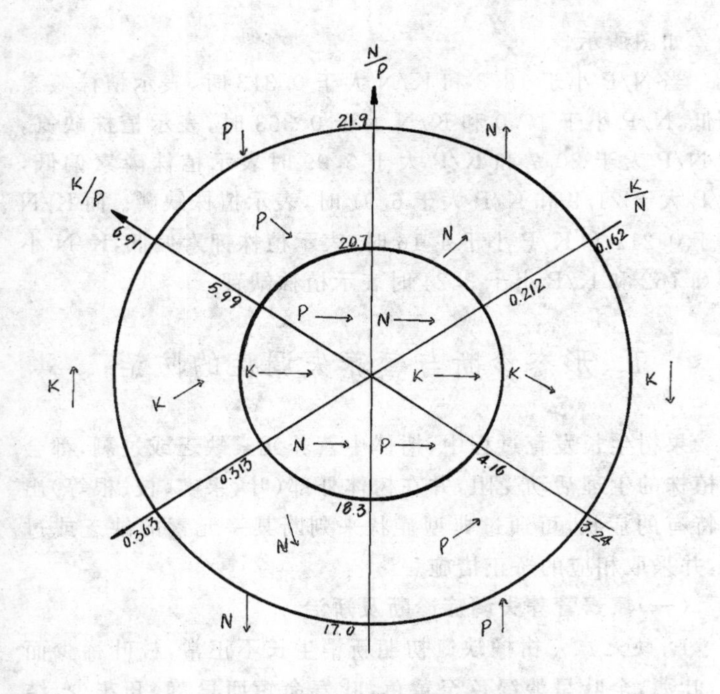

图 4-6 伏令夏橙的诊断图

这个图是由两个同心圆和三个通过圆心的坐标 N/P,K/N 和 K/P 所组成。圆心为 N/P,K/N 和 K/P 的平均值($\bar{x}$ 分别为 19.4642,0.2625 和 5.0746),被认为是最佳养分比例。内圆和外圆的半径分别为 2/3 标准差(S·D)和 4/3 标准差(S·D)。在 $\bar{x}\pm2/3$S.D 和 $\bar{x}\pm4/3$S·D 区域的概率分别为 49.08%和 81.64%。内圆为养分平衡区,用平行箭号→表示。当坐标由圆心向外伸展时,元素间的平衡程度增大。内圆与外圆之间的区域为稍不平衡区,表示养分的偏高或偏低,用 45°短箭号向上↗或向下↘表示。外圆之外则为养分显著不平衡区,表示养分的过剩或缺乏,分别用箭号向上↑或向下↓表示。如图所示。

当N/P小于18.3和K/N大于0.313时，表示植株氮素偏低，N/P小于17.0和K/N大于0.363时，表示植株缺氮。若N/P大于20.7和K/P大于5.99时表示植株磷素偏低，N/P大于21.9和K/P大于6.91时，表示植株缺磷。而K/N小于0.212和K/P小于4.16时，表示植株钾素偏低，K/N小于0.162和K/P小于3.24时表示植株缺钾。

五、形态诊断与营养失调症的防治

果树生长发育过程中，树体中营养元素缺乏或过剩，都会使植株的生理活动受阻，并在树体外部(叶、果实、枝、根等)出现特有的症状，可通过典型症状来判断某一元素的缺乏或过剩，并采取相应的矫正措施。

(一)氮素营养失调症诊断及矫治

1. 缺乏症　柑橘缺氮初期新梢生长不正常，枝叶稀少而小，叶薄，全叶呈淡绿色至黄色，叶寿命短而早落，开花少，结果少。氮由正常供应进入缺乏时，叶色发黄程度不一，部分老叶逐渐出现不规则的绿色和黄色交织的杂色斑点，最终变成黄色而脱落。此现象多发生在生长旺盛的夏季或寒冷的冬季，特别是春季氮肥施用不足或夏季施肥不及时的情况下，缺氮症状容易发生。冬季严寒时，也会使缺氮症状加剧。严重缺氮时，树势极度衰退，叶片脱落，枝梢枯萎，形成光秃树冠，以至数年难以恢复。

2. 过剩症　柑橘施氮肥过多时，会出现枝叶繁茂，叶色浓绿，枝梢徒长，只生长不结果的现象，严重时，还会导致缺钾和缺钙。并且叶片特大，果皮厚、呈浮皮现象，果实偏酸，着色延迟，贮藏性差。

3. 矫治　柑橘新叶因缺氮出现黄色时，可根外喷施 0.3%～0.5%尿素溶液，每隔 5～7 天喷 1 次，连喷 2～3 次，即可得到矫正。为了能及时满足柑橘对氮的需要，在生长期内除 1 年 3 次土壤施肥外，应根据生长发育状况进行多次叶面喷施氮肥。对多花的大年结果树，应比少花的小年结果树要多施些氮肥。

一般认为柑橘园每 667 米^2(1 亩，下同)以施用纯氮 15 千克为宜，温州蜜柑年产 1 500～2 500 千克，施纯氮 20～30 千克是较合理的施肥量。椪柑每 667 米^2 产 2 500 千克，施纯氮 25～30 千克。甜橙成年树以每株施氮 0.4～0.8 千克为宜。

(二)磷素营养失调症诊断及矫治

1. 缺乏症　柑橘缺磷常在花芽和果实形成期发生，症状为枝条细弱，叶片失去光泽，呈暗绿色，老叶出现枯斑或褐斑，下部老叶趋向紫红色时，表明树体已严重缺磷。此时，即使采取矫正措施也难以恢复。柑橘缺磷会使树体生长势极度衰弱，新梢生长停止或短小细弱，小叶密生，果面粗糙，果实空心，酸味浓，果汁少。

成年柑橘园，如果数年不施磷肥，就可能引起缺磷，尤其是强酸性土壤的柑橘园。磷缺乏会使柑橘生长明显受阻，往往形成“小老树”。

2. 过剩症　磷虽不像钾、硼等元素那样，因吸收过量而直接引起明显的危害症状，而土壤中磷过量时，会影响对其他元素的有效性和吸收，间接地诱发某些缺素症，如缺锌和缺铁症。过量的磷还会引起果实“皱皮”现象，故含磷量高的植株出现皱皮果较多。

3. 矫治　柑橘对磷的需要量较少，缺磷时，可叶面喷施

0.2%～0.5%磷酸二氢钾水溶液，也可每株柑橘集中深施0.5～1千克过磷酸钙或钙镁磷肥等。对容易发生缺磷的红壤橘园，应有计划地施用磷肥。

（三）钾素营养失调症诊断及矫治

1. 缺乏症　柑橘缺钾时老叶的叶尖和叶缘部先开始黄化（不是枯焦）。随着缺乏的加剧，黄化区域向下部扩展，叶片卷缩，变为畸形，在花期落叶严重，新梢生长短小细弱，果实变小，果皮薄而光滑，落果严重，容易裂果。抗旱、抗寒、抗病等抗逆能力均降低。

2. 过剩症　一般土壤对钾素有一定的吸持力，土壤溶液中不存在高浓度钾，在田间条件下未见有钾过多而影响生长和叶片受害的。然而在水培和沙培条件下，却能看到钾过剩特有的毒害症状。其典型症状是叶缘灼伤，有时在老叶上出现水渍状病斑，该处组织随即坏死。也有叶片边缘黄化，继而坏死的。

此外，土壤中钾大量积累，影响钙、镁、锰和锌的吸收，引起营养失调，使果实品质严重变劣（皮粗而厚、汁少、固形物含量低以及成熟延迟等）。

3. 矫治　柑橘缺钾可在5～6月份向叶片喷施0.4%的硝酸钾，以喷湿树冠为度，成年树喷液量约每株10升，视缺钾程度，可喷1次或多次，每次间隔10～15天，能有效地矫正柑橘缺钾症或弥补钾的不足。往后每年春季或夏季土壤施钾肥，成年树每株年施硫酸钾0.5～0.75千克或焦泥灰肥10千克。

（四）钙素营养失调症诊断及矫治

1. 缺乏症　柑橘缺钙症多发生在6月份的春梢叶上，先是春叶的先端黄化，然后扩大到叶缘部位，病叶的叶幅比健全叶窄，呈狭长畸形，黄化病叶提前脱落，树冠上部常出现落叶枯枝。患黄化症的树生理落叶、落果严重,座果率很低。

2. 过剩症　钙过多时土壤呈碱性,使锰、铁、锌、硼等元素成为树体不能吸收利用状态。此外,如果在土壤强酸性的柑橘园中 1 次施石灰过多,使表土变成碱性,会诱发根系浅的柑橘缺锰和缺铁,还会发生缺锌和缺硼症,使树势衰退,甚至引起严重落叶。

3. 矫治　①缺乏症发生时,在新叶期用 0.3%～0.5%硝酸钙或 0.3%磷酸氢钙液进行数次叶面喷施。②施用石灰质肥料。一般在翻耕时预先全面撒施。刚开始缺乏时,每 667 米^2 施用 35～50 千克石灰,在畦间施用。当轻度缺乏时,把有机肥料和石灰(每 667 米^2 平均 60 千克左右),预先全面混合施用,然后灌水或浇水湿润土壤。③补给水分,减少氮、钾的使用。即使土壤中有足够的钙,但当土壤水分不足时,钙的吸收也会受到阻碍,特别是干旱和高畦栽培,更要注意及时灌水。氮、钾过多时,容易发生缺钙。对容易发生缺钙的果园,要有计划地使用氮肥和钾肥,而对已发生缺钙的果园要控制氮肥和钾肥的使用。④调节土壤酸碱度。因为缺钙,会使树体的细胞液变酸,易遭受各种病害,并使根细胞分裂受到抑制。土壤变酸使钙、铁、锰、锌等元素变成易溶状态,引起这些元素吸收过剩或遭淋失而缺乏。石灰施用过多时,土壤由中性变成碱性,铁、锰、锌、硼等元素就有可能变成难溶状态,致使柑橘易发生这些元素的缺乏症。因此两年左右应测定 1 次柑橘园的土壤酸度,根据柑橘所要求的酸度,求出中和 pH 值 1 个单位所需要的石灰用量(千克/667 米^2),预先进行调节。一般土壤酸性的柑橘园可参考表 4-21 施用石灰。在碳酸钙过多的碱性和石灰性土壤上,应施用硫酸铵、硫酸钾等生理酸性肥料,也可每 667 米^2 撒施 14 千克硫黄粉,以调节酸碱度。

表 4-21 酸性土壤柑橘园石灰施用量 （单位：千克/667 米²）

土壤 pH 值(H_2O)	砂土	砂壤土	壤土	粘壤土	粘土	备注
4.9 以下	40.0	80.0	133.3	173.3	226.6	此量为碳酸钙用量。生石灰为该量的 56%；消石灰为该量的 75%
5.0～5.4	26.5	53.3	80.0	106.6	133.3	
5.5～5.9	13.3	33.3	40.0	53.3	66.6	
6.0～6.4	6.5	13.3	20.0	26.6	33.3	
6.5 以上	—	—	—	—	—	

注：按土层深 10 厘米计算

（五）镁素营养失调症诊断及矫治

1. *缺乏症* 从柑橘果实膨大到着色，如土壤镁素供应不足，则可以看到结果越多的树叶越黄化，特别是早熟温州蜜柑、椪橘的大年树。坐果过多加剧了镁的缺乏。

镁缺乏症具有一定的特征，所以容易判断。在同一树上，果实附近的结果母枝或结果枝叶上容易见到缺乏症状，然而在附近的营养枝条上，则不易发现缺乏症。病叶与中脉平衡的叶身部位先黄化，黄化部位多呈肋骨状。叶片先端和叶基部常保持较久的绿色，呈倒三角形。早熟温州蜜柑缺镁时，冬季落叶严重。柚砧比枳砧易发生缺镁症，枸头橙砧比枳砧还不易发生缺镁症。

2. *过剩症* 柑橘镁素营养过剩时，表现为叶缘灼伤等症状，也会诱发缺铁症和根系生长受抑制。

3. *矫 治*

(1)叶面施镁肥：因为柑橘叶片对镁吸收良好，对缺镁症可每隔 10 天叶面喷施 1 次 1%～2%硫酸镁溶液，连喷 5～6 次，或在 5 月份以后每月喷施 1 次 1%硝酸镁，连续 3 次，效果较好。

(2)施用石灰:酸性土壤缺镁可每 667 米^2 施镁石灰(碳酸镁等)50～65 千克,或将氢氧化镁约 40 千克溶解在一定量的水中泼浇畦面,也可先畦面灌水湿润土壤,再将氢氧化镁粉剂撒布在畦面。当土壤 pH 值在 6 以上时,以施用硫酸镁为宜。若全镁过剩时,可施用钙矫治镁过剩。土壤 pH 值低于 6 时,可每 667 米^2 施石灰 65 千克左右,土壤 pH 值在 6 以上时,则宜采取叶面喷施钙,可用 0.3%磷酸氢钙或 0.3%～0.5%硝酸钙喷施。

为防止钾、钙、镁三者的拮抗作用,在施用镁肥时,要考虑到土壤中钾和钙的含量,如果钾肥施用量较高,那么镁的施用量也该相应提高,并与土壤中钙保持一定水平(土壤中氧化钙/氧化镁当量比 6 以下为宜,详见表 3-1)。

镁与磷有相助作用,增施磷肥能促进镁的吸收,因此,在酸性红黄壤柑橘园内,有计划地施用钙镁磷肥是比较理想的,但应根据土壤分析结果,调整好三者比例。

(六)硫素营养失调症诊断及矫治

1. 缺乏症　柑橘缺硫新梢叶全叶发黄,随后枝梢也发黄,叶片变小,病叶提前脱落,而老叶仍保持绿色,形成明显的对比。在一般情况下,患病叶主脉较其他部位稍黄,尤以主脉基部和翼叶部位更黄,并易脱落,抽生的新梢纤细,多呈丛生状。

2. 过剩症　柑橘硫过剩时,叶片的叶缘部位出现黄色的斑驳,类似硼过剩症,黄色区域随着病情发展而扩大,并向内延伸,以至全叶发黄,而主脉绿色保持较久。严重时,全叶黄化脱落,枝梢枯萎,以至全树死亡。

3. 矫治　柑橘缺硫时,可施用石膏和石硫合剂残渣,也可叶面喷施硫酸盐溶液，如 0.3%硫酸锌、硫酸锰或硫酸铜等。对有机质贫乏的酸性红壤柑橘园，每年应增施一定量有机质肥料外，还应施用石膏。石膏用量为每 667 米^2 60 千克。对有机质缺乏的石灰性或碱性盐渍土壤，可结合有机肥料施用硫黄粉，一般每 667 米^2 面积 1 次可施硫黄粉 15～20 千克。

硫过剩发生毒害时，可采取灌水淋洗，也可增施尿素和硝酸盐等氮肥，提高土壤中氮的含量，减轻过量硫的危害。

（七）铁素营养失调症诊断及矫治

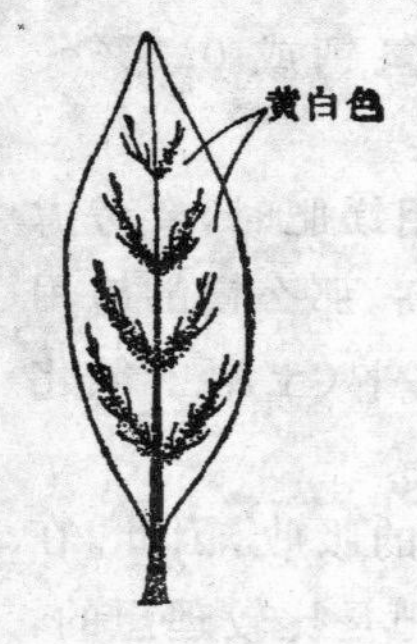

图 4-7　缺铁症叶

1. 缺乏症　柑橘缺铁时，幼嫩新梢叶先发黄，叶脉仍然保持绿色，脉纹清晰可见。随着缺铁程度的加深，叶片除主脉绿色外，其他部位均褪色变为黄色或白色，严重时，仅主脉基部保持绿色，其余全部变黄，叶面失去光泽，叶片皱缩，边缘变褐并破裂，提前脱落。同一病树上的老叶则仍保持绿色(图 4-7)。

全树以树冠外缘向阳部位的新梢叶黄化较重，树冠内部和荫蔽部位的新梢叶黄化较轻。这种黄化失绿现象常首先在个别大枝上明显地表现出来。

春梢缺铁叶片失绿黄化现象较轻、较少，秋梢、晚秋梢叶黄化较严重。随着病叶的提前脱落，相继发生枯梢。

柑橘缺铁症状明显，叶色黄绿之间反差大，易从形态症状上加以识别。但生长在碱性和石灰性土壤上的柑橘树，叶片发生黄化症状的不单是缺铁症，尚有可能伴随缺锰、缺锌。这就需要通过叶分析方法加以验证。

2. 过剩症　喷施硫酸亚铁、Fe-EDTA 过多或使用浓度过高时，柑橘叶片和果实因铁过剩而受害，叶片上出现红褐色锈斑，严重时出现小孔，果实脱落，落叶严重。

3. 矫　治

(1)主干注含铁制剂：把柠檬酸铁或硫酸亚铁注入主干，或在主干上挖穴后将药剂放入。

(2)施硫黄粉：每667米^{2}用15～20千克，另施硫酸铵、硫酸钾等酸性肥料，以酸化土壤。

(3)施用铁的螯合物：酸性土壤用Fe-EDTA，钙质土用Fe-EDDHA，每667米^{2}施15～20克。此外，每667米^{2}还可以施用腐殖酸一类的土壤改良剂25～35千克，硫酸亚铁或柠檬酸铁3.5～4千克，施入根际层土壤中。

(4)根部吸入铁制剂：将细根折断后，浸入盛有4%柠檬酸铁和6%硫酸亚铁的混合液中，使铁通过折断的伤口，进入树体内。

(5)靠接增根：对患缺铁症的橘树，在砧木上部的主干部位靠接对铁吸收利用率高的砧木品种，如构头橙、本地早、朱栾、高橙等。在树冠下主干附近种2～3株构头橙或高橙等两年生砧木，春季靠接在主干上，具有良好的矫正缺铁的效果。

(6)根治措施：一是将有机肥、绿肥或硫黄等改良剂混和翻入土中，提高碱性和石灰性土壤中有机质含量，增强土壤缓冲性和降低pH值。二是选择适宜的砧木品种，提高对铁的吸收利用率。

(八)锰素营养失调症诊断及矫治

1. 缺乏症　典型的缺锰症是叶肉变成淡绿色，仅叶脉保持绿色，即在淡绿色的底叶上显现出绿色的网状叶脉(图4-8)。但并不像缺锌和缺铁那样反差明显。症状从新叶开始发生，但不论新老叶均能显现症状。

2. 过剩症　锰过剩在成熟叶叶面上出现红褐色的下陷

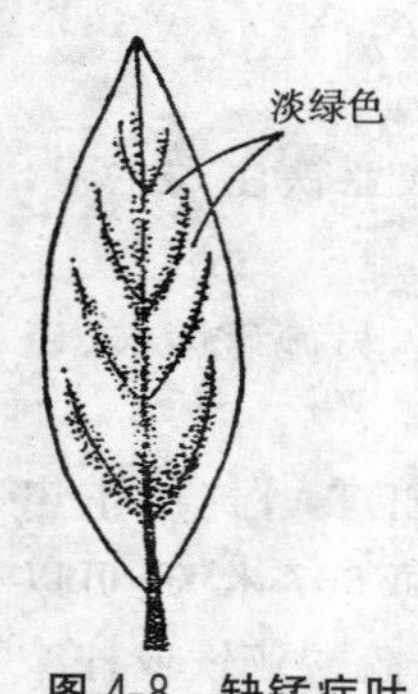

图 4-8 缺锰症叶

斑点，多从叶先端和叶缘部位开始发生，随着病情加重，向全叶扩散，一般在秋季发生，到冬末春初病叶大量脱落，使全树形成许多光杆枝或仅留顶部新叶。锰过剩症曾在 20 世纪 60 年代日本温州蜜柑上大量发生，造成严重危害。80 年代初在我国舟山地区丘陵山地温州蜜柑上也曾大面积发生。黄岩早橘的“紫血焦”病也是一种锰过剩症，在果实着色期的绿斑，到成熟期至贮藏期转变成紫褐色病斑，俗称为“紫血焦”病。长期施用化肥，土壤酸化，活性锰含量增高，易引起锰过剩。

3. 矫治　柑橘发生缺锰时，可在 5～6 月份每隔 7～10 天喷施 0.3%硫酸锰溶液 1 次，连续喷 2～3 次。当溶液过酸时，用石灰中和，调节 pH 值至 6.5，可防止药害，同时增加溶液在叶片上的附着力，提高锰的吸收利用率。还可在春季喷波尔多液治病时，混用硫酸锰，以节约劳力。

对石灰性土壤上柑橘的缺锰症，在增施有机肥料的同时，掺施硫黄粉，每 667 米^2 酌施 75 千克左右，将土壤 pH 值降至 6.5。

锰过剩的橘园，如是强酸性土壤，可结合施有机质肥，施石灰，用量根据土壤 pH 值和土壤质地情况而定。此外，还可用 500 毫克/千克的硅酸钠水溶液喷施叶面，也可用 0.4%硅酸钠水溶液根部浇施。

（九）锌素营养失调症诊断及矫治

1. 缺乏症　柑橘缺锌抽生的新叶随着老熟，叶脉间出现黄色斑点，逐渐形成肋骨状的鲜明黄色斑驳（图 4-9），严重时新生叶变小、抽生的枝梢节间缩短、叶呈丛生状，果实变小。树的向阳部位较荫蔽部位发病重。

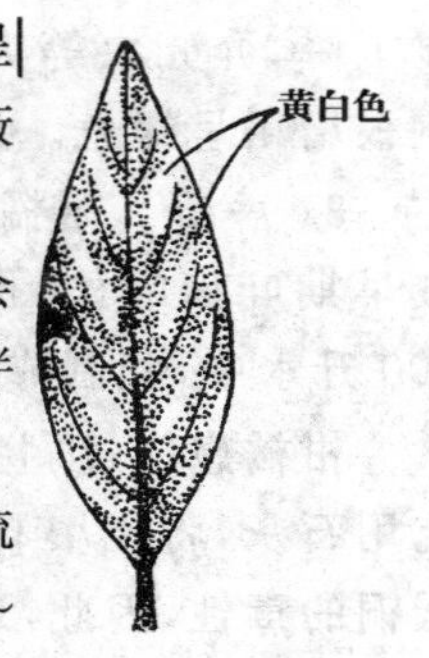

图 4-9 缺锌症叶

2. 过剩症　锌肥施用过多时，柑橘会出现叶片灼伤、落叶、枯梢等症状，并常伴发缺铁失绿黄化症。

3. 矫治　柑橘缺锌时，可叶面喷施硫酸锌，在春梢停止生长后，喷施 0.1%～0.3%的水溶液。有资料介绍，在春梢抽生 1/3～2/3 时，叶面喷施锌效果最好，在冬季或老叶上喷施效果最差。根施硫酸锌容易产生药害。叶面喷施只要不在芽期进行，就不易发生药害，且效果好，肥效持续时间也长。由于树体中的锌多向果实集积，因此每年果实采收要带走大量的锌，成年高产树最好春季喷施 1 次硫酸锌溶液，以防发生缺锌症。

发生柑橘锌过剩症时，可施用石灰或过磷酸钙进行解毒。土壤 pH 值高的碱性或石灰性土壤，以施用过磷酸钙为宜，pH 值低的酸性土壤，以施用石灰较好，施后，应浇水或灌溉，促使过磷酸钙或石灰的溶解，加快解毒效果，并起到淋洗和稀释土壤中锌的作用。

(十)铜素营养失调症诊断及矫治

1. 缺乏症　柑橘缺铜时，新梢生长曲折畸形，呈"S"形，叶片特别大，叶形不规则，主脉扭曲。严重时，叶和枝的先端枯死，年轻枝的树皮上产生水泡，泡内积满褐色橡胶状物质，最后病枝枯死。

2. 过剩症　柑橘铜过剩症多发生在波尔多液使用过多的柑橘园中，其症状表现为大量落叶，许多小枝枯死，产量明显下降，介壳虫等为害猖獗，有时会出现缺铁失绿黄化症状，侧根增粗呈褐色。

3. 矫治　柑橘缺铜可用0.2%～0.4%硫酸铜或波尔多液早期叶面喷施，也可每667米^{2}用2.5千克硫酸铜溶解在500升水中，配制成0.5%硫酸铜溶液全面浇施。

柑橘患铜过剩症时，可叶面喷施硫酸亚铁溶液，结合地面施用石灰，将土壤pH值提高到7左右。另外，磷和钙均能降低铜的毒性，因此，还可施用过磷酸钙和石膏等含磷或含钙的肥料进行解毒。

（十一）钼素营养失调症诊断及矫治

1. 缺乏症　柑橘缺钼，老枝中下部叶面出现淡橙黄色的圆形或椭圆形黄斑，叶背面斑点显棕褐色，病叶向正面卷曲形成杯状或筒状（称抱合症），严重时黄化脱落。抽生的新叶变薄。黄斑背面出现流胶，并变成黑褐色，叶缘枯焦坏死，果皮上有时出现带黄晕圈的不规则褐斑。

2. 过剩症　钼过量对柑橘影响不像硼、锰等微量元素那样有明显的毒害症状。但高浓度钼能使枝梢枯死，有时叶片上出现灰白色的不规则斑点，并凋萎脱落。

3. 矫治　对缺钼的柑橘可叶面喷施0.01%～0.1%的钼酸铵或钼酸钠溶液。要控制喷液量，以喷湿树冠为度。一般在新叶期和幼果期喷施为好。据刘铮等试验，黄岩山地红壤、平原水稻湿土和江边潮土柑橘园内，在幼果期喷施钼肥，能使产量提高1倍左右。

当钼过剩时，可施用硫黄粉或酸性肥料，以酸化土壤，使土壤中钼转变成难以吸收利用的形态。

（十二）硼素营养失调症诊断及矫治

1. 缺乏症　柑橘缺硼时，新梢叶生长不正常，叶呈畸形，叶面上有水浸状斑点，叶脉发黄增粗，新梢丛生，幼果发僵发黑，成熟果实皮厚粗糙，果肉干瘪，淡而无味，有时内果皮层有褐色胶状物。严重时，顶端生长受到抑制，树上出现枯枝落叶，树冠呈秃顶状。

柑橘园内由于锰过剩而伴随缺硼时，除叶身上有下陷红褐色斑点外，还可见到叶柄上有横向裂口和叶柄断裂(图4-10)的叶片倒桂在枝梢上，最后叶片枯萎脱落。

2. 过剩症　柑橘硼过剩症是由于缺硼矫正过度，或灌溉水中含硼过高所引起。其症状为老叶先端叶缘出现黄色斑驳，后随着中毒程度的加剧，斑驳由叶先端沿叶缘向下扩大，黄色斑驳变成灼伤坏死症状。

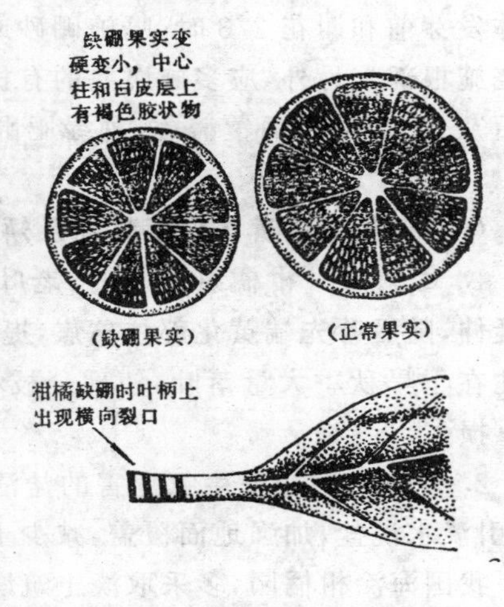

图4-10　柑橘缺硼症状

柑橘硼过剩初期很容易与缩二脲中毒症状混淆，也容易与硫酸盐或过氯酸盐过多的症状相混淆。此时，可进一步观察叶背面是否有褐色树脂状或不规则斑点。因为硫酸盐、缩二脲和过氯酸盐中毒不会产生这种斑点。

3. 矫治　柑橘缺硼时，可用0.1%～0.2%的硼砂或0.1%硼酸溶液喷施树冠。硼在冷水中不易溶解，应先用少量热水溶解后，再用冷水稀释至一定浓度，并加等量石灰，以增加硼溶液在叶片上的附着力，还可防止药害。也可将硼砂或硼酸溶液按0.1%浓度加入到人粪尿中，根部浇施，还可同波尔多液混合使用。柑橘需硼范围较窄，施用过多容易发生中毒，因此要控制施硼量，柑橘轻度缺硼时，每667米^{2}施硼砂0.3～0.6千克，缺乏严重时，可增至1.3千克。

柑橘硼过剩时，应先灌水淋洗土壤，对酸性土壤可施用石灰，但土壤pH值不宜超过6.5。

对容易发生缺硼症的柑橘园，要有计划地施硼肥，在春季树体发芽前和谢花2/3时，喷施硼砂或硼酸溶液，也可在发芽前浇施根部。另外，应多施腐熟的有机质肥料，不要过多地施用石灰，要加强地面覆盖，多种绿肥翻耕，不用含硼高的水灌溉。

（十三）氯素营养失调症诊断及矫治

1. 过剩症　柑橘氯过剩时，老叶先端发黄，黄色区向下部延伸，随后叶先端黄化部位枯焦，提前脱落。受氯过剩危害，往往在干旱秋季大量落叶，使部分枝梢枯死，果实脱落，造成严重损失。

2. 矫治　对易发生氯危害的盐渍土柑橘园，应开深沟排水，引淡水洗盐，加强地面覆盖，减少土壤水分蒸发。

我国海涂柑橘园，多采取淡土筑墩、深沟高畦栽培。即在行间和柑橘园四周开挖1米左右深沟，用淡土筑墩定植，墩与墩之间，每年结合施有机肥加培熟土或淡土扩墩，同时套种绿肥，深翻压绿，改良和熟化土壤。

另外，柑橘砧木可选择耐盐碱品种，例如高橙、枸头橙、朱栾和本地早等。

（十四）缺硼和缺镁综合征诊断及矫治

1. 综合症状　该综合症状表现为叶脉增粗，发黄，木栓化和爆裂，主脉两侧出现肋骨状黄色区，叶先端和叶基部保持倒三角形的绿色区。

2. 矫治　缺硼和缺镁综合征多发生在山地酸性砂质土柑橘园。这类土壤中镁和硼含量较少，加之长年累月受雨水淋溶，容易造成这些营养元素缺乏。另外，偏施石灰和钾肥，忽视硼和镁肥料的使用，由于元素间的相互作用，也会影响这些元素的吸收利用，引起这些元素缺乏。

发生缺硼和缺镁综合征时，可喷施0.1%～0.2%硼砂溶液和2%的硫酸镁溶液。硼砂溶液也可与波尔多液混合使用。在春季树体发芽期和幼果期，结合防治疮痂病使用。出现明显缺乏症状时，2%硫酸镁溶液应每隔10天喷施1次，连续喷施5次以上。也可根部浇施0.1%～0.2%硼砂溶液和镁石灰，每667米^2 50～60千克(以土壤pH值不超过6.5为宜)。

(十五)缺硼和锰过剩综合征诊断及矫治

1. 综合症状　该综合症状表现为叶柄出现横向裂口，叶片畸形，常见病树上的病叶、叶柄断裂倒挂在枝梢上，叶片上有棕褐色的下陷斑点，冬末春初大量落叶，几乎所有老叶脱落，呈光杆枝。

2. 矫治　此综合征多发生在土壤呈强酸性的丘陵山地、以施化学肥料为主、有机肥料很少施用的柑橘园中，并以枳砧温州蜜柑发病较多。矫治应施用石灰和有机质肥料，进行土壤改良，提高土壤pH值至6.5。春季树体发芽前后喷施0.1%～0.2%硼砂溶液和0.5%硅酸钠盐溶液1～2次。

(十六)缺钾和缺镁综合征诊断及矫治

1. 综合症状　柑橘树体中同时缺钾和缺镁时，在老熟叶片上叶尖发黄，叶中脉两侧呈肋骨状的黄色，叶片稍有卷曲。患病树座果率低，果型变小，抗逆和抗病力降低，树势变弱，产量低下，冬季落叶严重，多出现枯枝。

2. 矫治　同时缺钾和缺镁，原因是土壤本身钾和镁的含量不足及元素间的拮抗作用的影响，使根系对钾和镁的吸收量减少，因而引起钾镁缺乏综合征。因此，在矫治上每年除根部适量施用钾肥和镁肥外，还可在春夏季新梢叶生长期，用0.5%硫酸钾或硝酸钾和0.5%的硫酸镁或硝酸镁等，进行根外追肥（如溶液酸度过高，可用少量石灰调节至微酸性），每隔7～10天喷1次，视患病程度连喷数次。此外，在酸性砂质土壤使用石灰改良土壤时，应控制每次使用量，视土壤质地和pH值高低而定。

（十七）缺锰和缺锌综合征诊断及矫治

1. 综合症状　柑橘发生缺锰和缺锌综合征时，一般新梢叶色稍黄，叶型偏小，随着叶片老熟，叶脉和其附近叶肉呈绿色，叶间有淡黄绿色至淡黄色的条斑，类似缺锰症。果实和叶片变小，新梢节间缩短，出现丛生枝和枯枝等症状，又类似缺锌症。并且，往往在同一树上，可看到缺锌和缺锰两种症状叶。

2. 矫治　柑橘缺锰和缺锌综合征，一般发生在土壤pH值7.5左右的石灰性土壤和盐渍土的成年柑橘园中。酸性砂质土壤柑橘园中也时有发生（多在土壤养分流失较为严重的坡地）。单施化学肥料的柑橘园内易发此症。

对患缺锰和缺锌综合征的柑橘树，可在春梢生长期的6月上旬，喷施0.2%～0.3%硫酸锰和0.3%硫酸锌混合液（若混合液酸度过高时，可用石灰调节至pH值6～6.5），每隔7～10天喷施1次，连喷2～3次（视发病程度而定）。

（十八）缩二脲中毒症诊断及矫治

1. 症状　柑橘缩二脲中毒症，表现为叶尖端黄化，类似缺钾叶尖黄化症。它与缺钾症的区别，在于发生中毒叶片的类型不限于老叶，新叶也发生叶尖黄化，几乎所有叶片都出现叶尖黄化症状。

2. 发病原因　由于尿素中含有缩二脲成分，用其含量超过 0.25%的尿素进行根外追肥时，就会引起柑橘缩二脲毒害。

3. 防治　不使用缩二脲含量超过 0.25%的尿素进行根外追肥，柑橘就不会发生缩二脲的毒害。

（十九）氟中毒症诊断及矫治

1. 症状　初期表现为叶变小，叶缘和叶尖部位叶色变浅，严重时，叶先端黄白化，直至枯焦坏死，落叶较多，并有许多叶片显现类似缺锰和硼过剩症状。有资料介绍，受氟化氢危害的柑橘叶片，由于叶缘停止生长，而叶片中部继续扩展，叶面凹陷呈勺状。

2. 发病原因　柑橘一般抗氟，但不同品种间敏感性有较大差异，引起柑橘氟害的主要原因是砖瓦厂、陶瓷厂、磷肥厂、钢铁厂以及铝冶炼厂等，在生产过程中排出的废气中含有 0.1～147 毫克/千克的氟，对大气造成污染所致。

3. 防治　可喷布石灰粉剂或 1%乳剂，喷清水淋洗叶片，可以减少叶片上的含氟量。酸性土壤柑橘园，发现过量的可溶性氟时，可施用石灰中和酸性，解除氟的毒害作用。

为了便于读者全面掌握柑橘营养失调症的特点，现列出检索表（表 4-22）如下。

表 4-22 柑橘营养失调症状检索表

元 素	缺乏症状	过剩症状
氮(N)	新叶全叶发黄,叶小而尖,老叶由黄绿色杂斑至全叶发黄,小枝枯死,果皮光滑,果型小,树势衰弱	叶深绿色,叶型大,果皮粗而厚,果实延迟成熟或"返青",树势过旺,促抽晚秋梢
磷(P)	老叶呈暗绿色至古铜色,叶片无光泽,花少,果皮变粗,枝梢纤细,叶片稀少,树冠矮小	果实皱皮,叶片出现失绿黄化症状,严重时果实变小变硬
钾(K)	成熟叶变小,沿主脉皱缩,叶尖先发黄,易受冻害和旱害,抗病力降低,果皮薄而光滑,果实变小	老叶上出现水渍状病斑,叶缘发黄和灼伤。果皮粗而厚,汁少,固形物含量低。导致缺镁症的发生
钙(Ca)	新叶上部叶缘(包括叶尖)发黄,叶薄,植株矮小,根系易腐烂,新梢短,出现落叶枯枝,产量低	抑制植株对镁、钾和磷的吸收,降低锰、锌、铁、铜、硼的有效性,诱发这些元素缺乏症发生
镁(Mg)	结果母枝老叶和结果枝叶的中脉两侧呈现肋骨状的黄色条斑,叶基部和叶尖部位有倒三角形的绿色区域。冬季落叶严重,小枝枯死,出现明显的大小年结果现象	导致出现黄化症和叶片灼伤,根系生长明显受阻
硫(S)	新叶发黄(中脉稍黄),老叶仍绿色,小枝纤细、变黄及新梢丛生	叶缘出现黄色斑驳,类似硼过剩症,但此类叶片硫的含量特高,一般>0.5%

续表 4-22

元　素	缺乏症状	过剩症状
铁(Fe)	幼叶失绿黄白化，老叶保持绿色；成熟叶表现为主脉和侧脉绿色，叶肉发黄。果皮呈淡黄色，果实较软，座果率和产量降低	叶片上发生坏死斑点，并引起异常落叶和落果
锰(Mn)	新叶的典型病症，表现为在淡绿色的底色上呈现出绿色的网状叶脉；在成熟叶片上常表现为主脉和侧脉及其附近部位呈暗绿色，中间出现淡绿色至黄色的斑块	叶片上产生凹陷的棕褐色坏死斑点，叶片边缘发黄(叶脉有时保持绿色)，叶脉间保持绿色
锌(Zn)	小叶，节间缩短，呈丛生状，叶脉间出现黄色斑驳，果实变小	叶片灼伤，出现落叶枯梢现象，并伴有缺铁失绿并发症
硼(B)	幼叶出现透明的水渍状斑点，叶呈畸形；成熟叶的主脉和侧脉增粗爆裂；幼果发僵发黑，出现丛生枝	叶前端边缘部位出现黄色斑驳，或叶尖叶缘灼伤，叶背面发生褐色树脂状的斑点或斑驳，形成不规则的斑块
铜(Cu)	新梢上生长出特大的深绿色叶片，叶形不规则，主脉弯曲。抽生新梢呈“S”形。果皮上出现红色至黑色的胶块和褐色凹点，果实畸形，皮粗，爆裂	大量落叶，小枝枯死，并发缺铁失绿症，须根稀少，色暗，短而粗
钼(Mo)	成熟叶上出现椭圆形黄斑，叶背面流胶，叶片往上卷曲呈杯状	引起缺铁失绿症

(引自欧阳洮、俞立达资料)

第五章　柑橘施肥方案的制订与实施

施肥方案的制订应考虑到柑橘是无明显休眠期的果树，树体高大，寿命长，产量高，需肥量大，特别是气温高的地区，其根系几乎全年都能吸收营养，且所需的养分随品种、树龄、产量等不同而有差异。施入土中肥料的利用率随土壤种类、气候条件、肥料形态、施肥方法、柑橘园的土壤管理以及树体本身的吸肥特性等情况的不同，也有很大差异。因此，科学合理地在营养诊断的基础上确定施肥量、施肥时期、肥料种类和施肥方法，是取得最佳施肥效果的基本前提。

一、诊断施肥、配方施肥与平衡施肥

橘、柑、橙和柚的施肥，随着科学技术的发展，由传统的经验施肥，逐步发展成为科学的经济合理施肥。在这一发展过程中，人们从不同角度提出了诊断施肥、配方施肥和平衡施肥三种施肥概念和方法。其实这三种施肥方法，可理解为实现科学、经济合理施肥的三个相互联系而又统一的三个阶段。即诊断→配方→平衡。诊断是指导施肥的依据和基础，即起始阶段；而配方是在诊断基础上，为满足作物正常生育对养分的要求，而达到养分动态平衡所采取的一种手段，即调整阶段；平衡是指土壤和作物间的养分供求保持相对动态平衡，即最终阶段。

具体的操作是：采集柑橘叶片和橘园根际上土壤样品，进行养分测定，再根据测定的结果(诊断)以及产量和品质的要求，拟订出肥料的配方，并通过多年反复的诊断和配方的调整，达到树体和土壤养分间的动态平衡。确定实现柑橘优质、高产、高效的养分诊断指标和肥料配方。诊断施肥前面已讲过了，这里只对配方施肥和平衡施肥介绍如下。

(一)配方施肥

柑橘是多年生的常绿果树，具有贮藏养分和养分再利用等特点。因此，柑橘配方施肥与一年生大田作物有所区别。然而，它们都可能产前定肥，同属于配方施肥的范畴。

1. 配方的依据和特点　目标产量的确定。柑橘产量主要取决于树体绿叶层的厚度，即结果面积的大小以及树体贮藏养分的多少。在决定目标产量时，仅仅考虑"作物的需肥规律"、"土壤供肥能力"和"肥料效应"三方面是远远不够的。

(1)柑橘需肥规律：柑橘在周年生长过程中，需要吸收大量的养分，一般从春季到秋季，随着生长量的增大和气温的升高，吸收的养分量也随之增加。其中以夏季吸收养分量最多，到果实成熟后，随着气温的下降，吸收养分量减少，但在气温较高的冬季和早春，根系仍能吸收少量养分。同时，不同品种的根系对土壤养分的吸收能力有一定差异，并具有选择性吸收的特点。另外，树体所吸收的养分，一部分贮藏在果实里被带走，而另一部分贮藏在枝梢、叶片、根系主干等部位，为翌年开花、抽梢提供养分。

(2)土壤供肥能力：柑橘数年乃至数十年地生长在同一块土地上，土壤供肥能力的维持靠施肥。为了满足柑橘树体周年生育所需要的养分，除及时施用无机肥料、供应速效养分外，还应考虑供给有利土壤肥力提高的有机质肥料，才能提高和维持土壤供肥能力。因此，肥料配方中应坚持有机和无机肥料结合施用的原则。

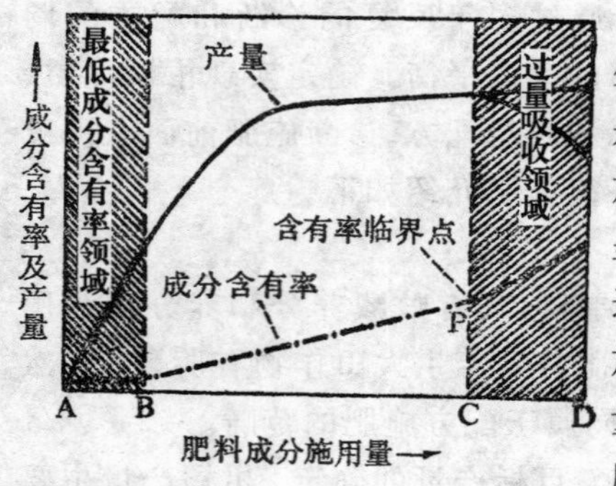

图 5-1 施肥量与产量的关系

(3)肥料效应：在柑橘生产中，柑橘的产量也不是随着施肥量的提高而增加，两者不呈直线相关，而呈曲线关系。即施肥量到达一定量时产量不再增加，继续提高施肥量时产量反而下降，这就是通常所说的“肥料报酬递减律”，见图 5-1。

然而，肥料养分的供给必须全面适量，即各种养分要全面搭配且比例数量要适中，每种元素过多或过少都会影响产量。对作物而言，每一种营养元素都是同样重要，是缺一不可的，见图 5-2。

因此，柑橘的肥料配方应该根据上一年树体中的贮藏养分多少和目标产量的要求，在产前提出氮、磷、钾、钙、镁和微量元素肥料的适宜用量和比例，以及相应的有机肥料和无机肥料的配比。

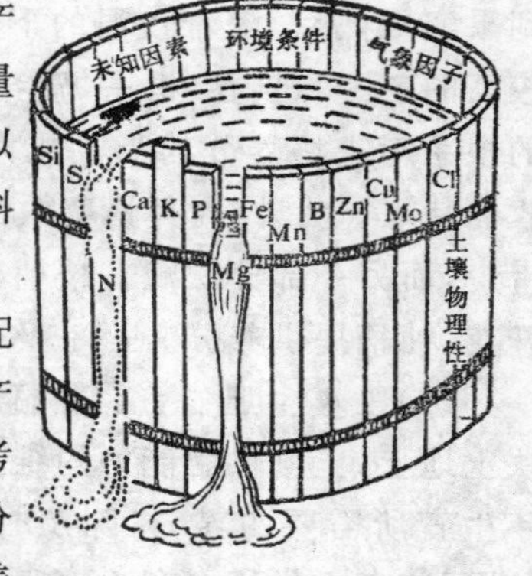

图 5-2 最低限制因子律桶

2. 配方的内容和方法　配方是依据柑橘达到预计目标产量所需要吸收养分的数量，并考虑柑橘赖以生长的土壤对养分的供给能力，和树体本身贮藏养分的多少，从而提出必须补充的肥料种类和其适宜的用量。在进一步分解配方的具体内容中，应该是“以树定产”、“以土定肥”、“以产定氮”、“以氮定磷钾”、“因缺补缺”和“优质高产栽培”六个方面组成的配套技术。

(1)以树定产：柑橘产量的形成是指光合作用产物产量的形成与分配。树体干重的90%左右来自光合生产。至于经济产量即柑橘果实，就要看光合作用产物的分配和利用情况。经济产量与光合作用的关系可用下式表示：

经济产量=(光合面积×光合时间×光合能力-消耗)×经济系数

从上式可见，经济产量主要是决定于光合面积、光合时间、光合能力、光合产物的消耗和分配利用五个方面，总称为光合系统的生产性能，即光合性能。就柑橘而言，光合性能在同一环境条件下栽培的相同品种(系)是取决于起光合作用的树冠绿叶层厚度、叶面积系数、光合产物的分配和利用，以及上一年的贮藏养分等四方面的因素。

所以，柑橘目标产量的确定，在光合性能一致的正常情况下，未成年树一般随着树龄的增长、结果面积的相应增加，可根据定产的经验公式〔$y=(a+b)x$〕进行计算。其中 x 为前 3 年的平均产量或 3 年中正常年份的最高产量；a 为 x 产量的结果面积，应为 1；b 为增加的结果面积所占 a 结果面积的百分数。在拟定目标产量时，还要注意到树体内贮藏养分状况和外界环境因子的影响等，对目标产量作必要的修正。

(2)以产定氮：氮是构成蛋白质的基础元素，也是形成柑橘产量的基础物质。所以，氮在定产施肥中占有十分重要的位置。所谓以产定氮即是用目标产量法中的“产量差减法”进行定氮。其计算方法如下式：

需氮量=目标产量×单位产量需氮量

式中“单位产量需氮量”是指每生产100千克或1吨果实(经济产量)所需要吸收的氮量。一般是通过果实、叶、枝、干和根等树体各部位的解剖和养分的测定而计算所得。但由于树体是活的生物体,组织化学结构比较稳定,对养分的吸收有选择性,因此,单位产量的养分吸收量应该是一个常数。所以,在生产上推广时,可以应用现有的科研成果,每吨鲜果带走的养分量见表4-19;每株温州蜜柑全年养分吸收量见表5-1(其他柑橘类果树吸收量大体与此相同)。而实际氮肥施用量,可根据肥料吸收利用率和果实消耗养分量占全树的比例、土壤天然供给量等,可按下式计算:

$$实际氮肥施用量=\frac{需氮量-天然供给量(土壤有效养分)}{氮肥利用率}$$

该公式也适用于磷、钾施用量的计算。

研究资料表明,温州蜜柑对氮肥的利用率(平均值),春肥为25.3%,夏肥为75.3%,秋肥为41.4%。

(3)以氮定磷和钾:不同柑橘品种(系)和土壤类型有相应的氮、磷、钾肥料的施用比例。但不能同树体吸收氮、磷、钾养分的比例相提并论,这是两个不同的概念。所谓以氮定磷、钾,是根据目标产量确定的氮肥施用量定磷肥和钾肥的施用量。所以,首先要知道不同柑橘品种(系)在不同土壤类型的氮、磷、钾肥料施用比例。一般是通过高产稳定园或连年结果树(高产稳产树)施肥量的调查,获得这个比例。据资料介绍,目标产量为4000千克/0.1公顷(75株),氮、磷、钾肥料的施用比例($N:P_2O_5:K_2O$),普通温州蜜柑为1:0.5:0.8;早熟温州蜜柑为1:0.6:0.8;脐橙为1:0.75:0.75;椪柑为1:0.67:0.8。

知道氮、磷、钾肥料的施用比例以后,就可根据目标产量确定的氮肥施用量，计算出磷、钾肥料的施用量。

(4)以土定肥：土壤具有作物所需要的全部养分，但不一定都能被作物根系所吸收利用，或数量上不一定能满足作物的需要。因此，需要通过土壤中能被根系吸收的有效养分含量的测定，了解土壤中近期能供给柑橘根系吸收利用的有效养分数量。然后，根据目标产量所需要的养分量，减去土壤供给量(天然供给量)，再除以肥料利用率，就可计算出肥料实际施用量，并根据土壤理化性状决定施用肥料的种类。为了保护地力和熟化土壤，应施入一定量的有机质肥料，以每667米^{2}柑橘年施1.5吨左右为宜。

根据计算所得到的实际施肥量，应折算成无机成分即化学肥料施用量，再根据化学肥料施用量和土壤理化性状，选定肥料种类，计算出各种肥料的配比量。然后，科学地混配加工成各种柑橘的专用复混肥料，进行施用。

由浙江省农业科学院柑橘研究所俞立达等研制的柑橘专用复混肥料，经多年田间试验和大面积的推广应用，表明能提高柑橘产量20%左右，增加果汁固形物含量1%上下，还能减少贮藏果实的腐烂率，改良土壤，提高肥力，促进树体生长，减少冬季落叶和防治营养失调症等作用。

(5)因缺补缺：柑橘除需要氮、磷、钾三要素外，还需要钙、镁、硫次量元素和铁、锰、锌、硼和钼等微量元素。在有的土壤中这些元素并不缺乏，但柑橘长期固定生长在同块土地上，由于每年果实采收要带走这些养分，因此也需要通过施肥加以补充。

这些营养元素的补充，主要是依据叶和土壤分析数据，用叶分析和土壤分析诊断指标进行衡量，确定其施用量。可采取根吸和主干注射或叶面喷施的方法补缺。

因缺补缺必须密切配合土壤分析和叶分析诊断。一般要求隔年测定1次土壤养分，每年测定1次叶养分含量。当叶或土壤养分含量接近缺乏临界值，即处于不足范围时，就应考虑施肥补缺。若到树体出现症状时才进行施肥，则为时已迟。

（二）平衡施肥

平衡施肥的目的是使树体养分和土壤中养分都处于一个动态平衡状态，以保证柑橘正常生长发育所需要的养分。平衡施肥是建立在以上诊断和配方的基础上。因此，它的主要内容是定期采集土壤和植株（包括叶和果实）样品，进行养分和果实品质的测定。土壤采样隔两年1次，植株叶和果实株样每年1次。根据养分测定的结果，按综合诊断施肥法（DRIS）或叶分析和土壤分析的临界值法作出判断、调整肥料的配方和施肥措施，使土壤和植株中的养分保持动态平衡状态。

1. *施肥原则* 施肥是针对不同土壤肥力状况，并根据柑橘不同生育阶段对养分的需求，及时补给土壤和树体所需要的养分，调节柑橘生长发育的一项技术措施。所以，施肥的基本原则：一是肥沃土壤为柑橘根系创造一个适宜生长的土壤环境条件。二是及时供给并满足柑橘生长发育所需要的养分。

2. *施肥与其他栽培技术措施配套* 平衡施肥虽是当今世界最先进的施肥技术。然而，实现柑橘优质、高产、高效，还必须有其他优质高产栽培技术措施相配套。

（1）施肥与改土：一些新建的柑橘园，一般是利用荒山、河畔和滨海涂地开垦建园。土壤不是酸度过高，就是石灰性过强，或是砂性和粘性过重。一般土质不适宜柑橘生长，需要通过针对性土壤改良技术措施，才能为柑橘根系生长创造一个良好的土壤环境条件。此时，柑橘园的平衡施肥方法应与改土措施配套进行。如山地柑橘园酸碱度在pH值6.5以下时，应在平衡施肥中结合使用石灰和钙镁磷肥。在滨海柑橘园石灰性反应强的盐渍土，即 pH 值 7.5 以上时，在进行平衡施肥中应结合使用硫黄和有机肥，和尽可能搭配酸性化学肥料施用。在河畔砾石砂质土柑橘园中，平衡施肥应结合挑培河塘泥，并尽可能地增加有机质肥料的比例，以提高保水保肥能力和平衡施肥的效果。

(2)施肥与病虫防治：防治病虫害是柑橘园管理中一项主要技术措施。每年喷施农药多达 10 余次。如果柑橘根外追肥能与喷施农药结合进行，可大大节约劳力成本。

一般化学肥料不宜与碱性农药混合使用。在混合使用时，要注意浓度，不要酸碱度(pH 值)过高而引起药害，或造成肥料养分溶解度降低而失效。然而，若农药与化肥混配合理，还能促进养分的吸收，提高肥效。如在喷施硼酸(或硼砂)、硫酸锌和硫酸锰水溶液时，加适量石灰或与波尔多液混和使用，可提高附着力，促进叶片对养分的吸收。

(3)施肥与除草：柑橘园内容易杂草丛生。尤其是幼龄至未封行的柑橘园内，光照条件好，杂草易生长繁殖。一般每年应除草 3～4 次，多用除草剂喷除。柑橘园施肥应在除草以后进行，或结合深翻压绿进行，这样既可防止杂草与柑橘争水争肥，还可促使杂草或绿肥的腐烂分解，实行肥料深施，提高施肥效果，促进根系生长。

(4)施肥与灌溉：柑橘园旱季灌水是获得柑橘优质高产的一项行之有效的技术措施。旱季施肥应在灌水落干以后(即不见土表积水)进行。此时土壤湿润，施入肥料易于溶解，易被根系吸收，且不会造成肥料浓度局部过高而伤根。对于采用滴灌的柑橘园施肥，可将无机养分溶解在灌溉水中，随灌溉水施入根部。

(5)施肥与控梢和疏果： 在柑橘生产中，为了调节梢果比，实现稳产高产高品质，常采取控梢、疏果措施。此时，施肥应密切配合控梢或疏果技术措施。主要是调节氮肥的施肥量、施肥时期和氮磷钾比例，防止夏秋梢的猛发和果实品质变劣。

二、施 肥 量

(一)理论施肥量

从道理上说，柑橘的施肥量，应根据根系从土壤中吸收的养分量、土壤天然供给量及肥料利用率等三大因素进行计算。其关系式如下：

$$理论施肥量=\frac{吸收养分量-天然供给量}{肥料利用率}$$

一般氮的天然供给量为吸收量 1/3 左右，磷和钾分别为吸收量的 1/2 左右；肥料氮利用率为 50%，磷为 30%，钾为 40%。

据调查，成龄温州蜜柑园产量为 2 500 千克/667 米^2 时，氮、磷、钾的年吸收量分别为 17.2 千克，2 千克，11.2 千克。按上述公式和标准计算，每年施肥量为纯氮(N)22.9 千克，五氧化二磷(P_2O_5)3.4 千克，氧化钾(K_2O)14 千克。又据调查，每 667 米^2 产 2 400 千克的温州蜜柑园，氮素吸收量为 8.3 千克，如以夏肥为主(占 60%)进行施肥，天然供给量按 20%计算，则每年施肥量为纯氮 13.3 千克，氮、五氧化二磷、氧化钾之比为 5∶3∶4。

另据日本 5 个园艺和柑橘试验场对不同树龄的温州蜜柑进行解剖分析，并通过计算获得了全年的养分吸收量。如将这些结果分别代入施肥量计算公式，可求出不同树龄的氮(N)、磷(P_2O_5)、钾(K_2O)理论施用量(表 5-1)。根据表中的换算结果,如果氮的利用率为 50%,则结果量中等的成年树每 667 米^2 施氮量为 16.7～20 千克,氮、五氧化二磷、氧化钾之比为 10∶2∶8 左右。

表 5-1　每株温州蜜柑树全年吸收养分量与理论施肥量　(单位:克)

树龄	全年吸收养分量					理论施肥量		
	氮	五氧化二磷	氧化钾	氧化钙	氧化镁	氮	五氧化二磷	氧化钾
4	63	10	41	28	12	84.0	16.7	51.3
10	90	12.5	97.5	90.5	19	120.0	20.8	121.9
23	392	55	289	538	—	522.7	91.7	361.3
45	345	37	304	558	56	460.0	61.7	380.0
50	275	35.5	235.5	351	53.5	366.7	59.2	294.4

(二)经验施肥量

各地都有一套获得优质高产的经验和施肥方案。中国农业科学院柑橘研究所曾对 7 个柑橘丰产园(每 667 米^2 产 3 500～4 500 千克)进行统计,得出全年施用量折合纯氮40～72.5 千克,纯磷 15～45 千克,纯钾 15～35 千克,氮∶磷∶钾约为 10∶5∶9。并根据这些橘园的施肥量,拟出丰产橘园的施肥量参考表(表 5-2)。

据周学伍等报道,在四川微酸性紫色土上,甜橙成年树以年施氮 0.4～0.8 千克/株为宜。戴良昭指出,福建雪柑产量随施氮量增多而升高,但施肥量达到一定量时,产量反而下降,其中以施氮 0.5 千克/株的产量最高,因此提出,7 年生雪柑株产 25 千克,以施氮 0.5～0.75 千克为宜。许建楷认为,广东甜橙每 667 米^2 产果 2 000 千克时,以施纯氮 17.5 千克为宜。各地的经验与国内外的试验表明,施肥量虽随品种、土壤、气候等不同而略有差异,但 667 米^2 产 2 000～3 000 千克的橘园，株施纯氮大都在0.5～0.75千克范围。施氮过多，不仅造成肥料的损失，还会污染环境、降低产量和果实品质。

表5-2 柑橘株施肥量参考表 （单位：千克）

树龄	施肥时期	猪粪尿或绿肥	尿素	过磷酸钙
未结果幼树	冬肥	25	—	—
	萌芽肥	12.5	0.1	—
	夏梢肥	12.5	0.1	—
	秋梢肥(7月)	12.5	0.1	—
	秋梢肥(9月)	—	0.1	—
	小计	62.5	0.4	0
10年以下结果树	采果期	50	0.05	0.25
	萌芽期	10	0.15	—
	稳果期	10	0.1	0.25
	壮果期(7月)	10	0.15	—
	壮果期(9月)	20	0.05	—
	小计	100	0.5	0.5

（中国农业科学院柑橘研究所 1972）

说明：①结果大树施肥用量比10年以下结果树加0.5～1倍，肥量分配相同。但不论结果树或幼树还需依其树龄大小、生长强弱、结果多少等调整用量。②猪粪尿指原粪，若对成半干稠时则加倍。绿肥指鲜重。有机肥若为其他品种时(如饼肥、牛粪、垃圾、稻草等)，可以折合换算。③需肥较多的品种如脐橙、夏橙需酌量增加。需肥少的品种如红橘可减少。④高度熟化的果园可少施。⑤酸性土壤需加施石灰

（三）诊断施肥量

诊断施肥量的确定是通过树体(包括叶和果实等)和土壤营养元素含量的测定，以产量和品质为依据确定科学合理的施肥量。其方法是：

1. 果实分析　通过果实营养元素含量的测定，计算出每生产1吨果实所带走的各种营养元素的量。

2. 土壤分析　通过土壤各种有效养分的测定，计算出土

壤养分的供给量。

3. 叶分析　通过优质高产园(树)的叶片分析,了解各种营养元素在树体中的最适含量。

4. 肥料利用率　根据田间肥料试验计算出肥料利用率。

5. 计算出高产施肥量　根据不同土壤类型和品种,计算出获得优质高产的年施肥量。

由于上述分析计算有一定的难度。所以,在生产上多利用现有研究成果来推算施肥量,常用的有估算施肥法,即根据果实带走的养分量估算出施肥量。柑橘树随果实的采收,要从土壤中带走养分。例如,温州蜜柑生产1吨果实要从土壤中带走大约纯氮1.69千克,五氧化二磷(P_2O_5)0.4千克,氧化钾(K_2O)2.06千克,施入土中的肥料由于一部分被流失、固定、挥发等原因,肥料利用率不高。一般柑橘对氮的吸收利用率为30%～60%,磷为10%～30%,钾为40%～70%。再考虑田间各种因素的影响,以及树体生长发育、落叶、落花、落果等所消耗的养分,过去通常以果实耗肥量的3～4倍(估算系数)来估算施肥量。其计算公式如下:

$$估算全年施肥量=\frac{鲜果带走养分量}{肥料利用率}\times 估算系数$$

按上述方法计算,表5-4中8种柑橘平均氮、五氧化二磷、氧化钾的施用比例为1∶0.9∶1.2左右。从全树来看,磷、钾的比例偏高,因为植株吸收的氮、磷、钾等元素并不是以同样的比例分配到树体各部位的。据分析表,10～50年生柑橘树,果实的氮素可占全树的30%～50%,磷占45%～71%,钾占50%～72%(表5-3)。如果以此作为估算系数(全树耗肥量与果实耗肥量之比),则10～50年生树,氮为2～3.3,五氧化二磷为1.4～2.2,氧化钾为1.4～2。这样就可按计算式求出施肥量(表5-4)。表中8个柑橘品种的平均氮、五氧化二磷、氧化钾的施用比例为1∶0.58∶0.74左右。

表5-3 不同树龄柑橘吸收养分的分配率 (%)

成分	树体生长			落叶			果实		
	幼树(4年)	青年树(10年)	老树(50年)	幼树(4年)	青年树(10年)	老树(50年)	幼树(4年)	青年树(10年)	老树(50年)
氮	70	44	17	13	26	33	17	30	50
五氧化二磷	65	41	16	6	14	13	29	45	71
氧化钾	54	30	9	12	20	19	34	50	72
氧化钙	54	50	42	23	30	29	23	20	29
氧化镁	83	61	29	5	15	21	12	24	50

注:表中数据不包括落花、落果、疏果及修剪枝叶的养分损失量

表5-4 每吨柑橘鲜果带走的养分量与估算的施肥量 (单位:千克)

品种	鲜果带走养分量					估算施肥量		
	氮	五氧化二磷	氧化钾	氧化钙	氧化镁	氮	五氧化二磷	氧化钾
温州蜜柑	1.69	0.40	2.06	0.92	0.33	7.6～15.2	2.4～7.2	5.0～8.8
椪柑	1.70	0.50	2.80	0.30	0.10	7.7～15.3	3.0～9.0	6.8～11.9
蕉柑	1.90	0.40	1.60	0.30	0.20	8.6～17.1	2.4～7.2	3.9～6.8
甜橙	1.46	0.54	2.95	0.97	0.32	6.6～13.1	3.2～9.7	7.2～12.5
脐橙	1.78	0.51	2.09	0.89	—	8.0～16.0	3.1～9.2	5.1～8.9
葡萄柚	1.10	0.50	2.37	—	—	5.0～9.9	3.0～9.0	5.8～10.1
柠檬	1.63	0.75	2.33	1.58	0.33	7.3～14.7	4.5～13.5	5.7～9.9
金柑	1.36	0.53	2.71	—	—	16.1～12.2	3.2～9.5	6.6～11.5
平均	1.58	0.52	2.36	0.83	0.26	7.1～14.2	3.1～9.4	5.7～10.0

如果以尿素(含氮46%)作氮肥,以过磷酸钙或钙镁磷肥($P_2O_5$12%～18%)作磷肥,以硫酸钾或氯化钾(K_2O48%～

60%)作钾肥，那么只要将表 5-4 中的估算施肥量除以肥料成分含量，就可算出该肥料的施用量。例如，从表中查得温州蜜柑的施氮量为 7.6～15.2 千克/吨，则算出尿素施用量为 16.5～33 千克/吨鲜果。每 667 米^2 产 2 500 千克的橘园需要施尿素 41.3～82.6 千克，同理算出过磷酸钙或钙镁磷肥的施用量为 40～120 千克，硫酸钾或氯化钾的施用量为 23.1～40.7 千克。

据刘运武等(1994)对温州蜜柑参数施肥法的研究，不同树龄、不同产量的温州蜜柑树，对氮(N)、磷(P_2O_5)、钾(K_2O)需要量是不同的。11～17 年生结果树处于最高产量时，株需氮、磷、钾量分别为 1.02 千克，0.58 千克，0.55 千克，每千克果实需氮、磷、钾量分别为 0.026 千克，0.012 千克，0.014 千克。7～13 年生结果树，株需氮、磷、钾量分别为 0.8 千克，0.56千克，0.6 千克，每 1 千克果实需氮、磷、钾量分别为 0.05 千克，0.030 千克，0.032 千克。以两种树龄每千克果实所需的氮、磷、钾量之差(0.024，0.018，0.018)，除以两种树龄之差，分别得商 0.006，0.0045，0.0045，为基本恒定的常数(即树龄施肥量常数 K)。根据公式 $X=Y[W+K(N_O-N)]$即可估算任意树龄需肥量 X。式中 Y 为实际或估计产量，W 为基础树龄每千克果实需肥量，N_O 为基础树龄，N 为实际树龄。该研究成果，经 1989～1991 年 3 年大面积(726.7 公顷)示范试验，结果参数施肥法较当地习惯施肥法增产 17 347.5 千克/公顷，增产率为 42.31%。

刘绍友等(1993)通过柑橘高产优质配方施肥数学模型及优化技术研究，提出了最佳配方施肥组合方案，有机肥、氮肥、磷肥、钾肥＝70∶0.6～0.64∶0.5～0.75∶0.59～0.64。于 1988～1991 年在汉中、南郑、勉县橘区，对 8 年生温州蜜柑

(枳橙砧)进行了试验。其结果表明,采用此配方施肥优化组合方案的,增产幅度大,果实品质优良,增产效益明显。

具体施肥方案,是有机肥 35 千克/株,人畜粪尿(含有机质 6%～8%,氮为 0.63%～0.74%,五氧化二磷为0.23%～0.4%,氧化钾为 0.18%～0.29%,水 80%以上)在上年采果后一次施入。氮肥用尿素 0.3～0.32 千克/株,在上年的采果后,当年花期(5 月下旬)及果实发育高峰期(9 月上旬至 10 月上旬)分 3 次施用。磷肥用过磷酸钙 0.25～0.38 千克/株,施肥时期和次数与氮肥相同。钾肥用硫酸钾 0.3～0.32 千克/株,施肥时期和次数也与氮肥相同。

三、施肥时期

(一) 幼 年 树

幼年树的施肥与结果树有所不同。为了满足幼树营养生长和迅速扩大树冠的需要,施肥量要逐年增加,而且氮、磷、钾比例也要调整,前几年以氮肥为主,后几年磷、钾比例适当提高。根据各地的施肥经验,拟出 1～5 年生幼树的施肥量范围,以供参考(表 5-5)。

表 5-5 柑橘幼树每株参考施肥量 (单位:克)

树 龄	氮	五氧化二磷	氧化钾
1	40～60	20～30	20～30
2	60～80	30～40	30～40
3	80～100	48～60	56～70
4	100～140	60～84	70～98
5	140～200	84～120	112～160

施肥时期也有一定差异。幼年树应重视施抽梢肥和发根

肥，一般采取少量多次、薄肥勤施的方法，特别是定植后当年，从定植成活时起到 8 月份止，应每月施 1 次稀薄的腐熟人粪尿、沼气发酵液或尿素溶液。9～10 月份停止施肥，尤其是有冻害的地区，以防引起晚秋梢抽发而遭受冻害。11 月份可施 1 次以有机肥为主的防冻肥。全年施肥 6～7 次。随着树龄的增大，施肥量逐渐增加，而施肥次数可酌情减至 4 次(表 5-6)。此外，还可在 3～8 月间进行多次根外追肥。

表 5-6 浙江黄岩 3～5 年生柑橘幼树株施肥量和施肥期 (单位：千克)

施肥时期	厩 肥	人粪肥	尿 素	绿 肥	磷 肥
春肥(3 月上旬)	—	5	0.1～0.15	—	0.1～0.15
夏肥(5 月中旬)	—	5	0.1～0.15	—	—
秋肥(7 月下旬)	—	5	—	15	—
防冻肥(11 月中旬)	15～20	5	—	—	—
全年合计量	15～20	20	0.2～0.3	15	0.1～0.15

(二) 成 年 树

我国各地柑橘产区成年树的施肥时期基本相同，年主肥 3 次，另视生长状况附加 1 次至数次施肥。

1. 采果肥(冬肥) 主要是恢复树势，提高抗寒力，减少落叶，促进花芽分化，并为翌年春梢抽发和开花结果贮藏养分。一般冬肥在采果前后 7～10 天内施用。早橘和早熟品系温州蜜柑等早熟品种可在采后施，中熟品系温州蜜柑和本地早等中熟品种可边采边施，晚熟品系温州蜜柑、椪柑、槾橘等迟熟品种宜在采前 7～10 天施。肥料种类以有机肥为主，搭配少量尿素和适量的过磷酸钙或钙镁磷肥，以施用柑橘专用有机-无机复混肥料最为理想。在冬季遇干旱时，施肥前应浇水或灌水。对结果量过多的树或衰弱树，采后应立即喷0.3%尿素加0.5%过磷酸钙或0.2%磷酸二氢钾混合液1～2次，促进树势恢复，减少冬季落叶。冬肥占全年总施肥量的比例为30%～35%。

2. 发芽肥(春肥)　主要为春梢抽生和开花结果提供养分。一般在春芽萌发前1～2周施用，浙江、四川、湖南等橘区在2月下旬至3月上中旬施，广东、福建等地1月底前后施。肥料以速效性氮肥为主，并配合适量磷、钾肥料，以施用柑橘专用有机-无机复合(混)肥料为宜。春肥施用量占全年总施肥量的比例：浙江为40%左右，福建为20%左右，广东为5%～20%。

3. 壮果肥(夏秋肥或秋梢肥)　一般在柑橘停止落果后、秋梢萌发前10～15天(7月上中旬)施。此时，正值果实迅速膨大，秋梢将要萌发，施肥有壮果追梢的作用。对早熟品系温州蜜柑、早橘以及结果多而树势弱的树，可适当提早到6月下旬至7月初。对晚熟品系温州蜜柑或易抽发6月梢而引起落果的本地早等品种，或生果少、树势旺的橘树，可延迟到大暑前2天施。一般品种可在小暑前后施用。施肥过迟常会延迟果实成熟，枝梢生长不充实，甚至促使抽发晚秋梢而加重冻害。肥料用速效化学肥料或充分腐熟人畜粪尿。施用量占全年总施肥量的比例：浙江为25%～30%，福建为35%左右，广东为40%左右。

除以上3次施肥外，还应根据树势、花量、结果量、叶色和树龄等情况，酌施几次追肥。即在5月上中旬(盛花期至谢花期)、6月份(幼果发育期)、8～10月份(果实迅速膨大期)对花多、果多、梢弱、叶色淡的树，增施1～3次速效性肥料，以叶面喷施为宜，也可用液肥浇施。

对于受水害、旱害、冻害和病虫危害树，要采取不同方法及时施肥，以恢复树势（详见第七章）。对树势强壮、叶色浓绿、花少、结果少的树，切勿盲目追肥，以免造成肥料浪费和污染环境。

四、施肥方法

（一）土壤施肥法

1. 环状沟施肥　在树冠滴水线外侧挖一条环沟或半环沟，沟宽 30～40 厘米，深 20 厘米左右，或以见须根为度，或断少部分细根。这种方法多用于青壮年树。方法简便，用肥经济、集中。

2. 扩穴（墩）施肥　在幼树原定植穴（墩）的外缘挖深 80～100 厘米，宽 50～100 厘米的环状沟（若是墩植即在墩外缘培肥加土），结合压埋绿肥或垃圾等有机肥料进行施肥。有机肥料要与土分层施，即一层肥一层土，这样有利于土肥相融和根系的生长，对改良根际土壤，扩大根际、提高肥力均有较好的作用，为根系生长创造一个良好土壤环境。计划用 3 年左右的时间，将全园土壤深翻深施 1 次，促进根系生长和树冠扩大，为实现柑橘稳产高产打下基础。

3. 盘状施肥　离树干 20～30 厘米处至树冠滴水线外缘范围扒开表土 10 厘米深左右，形成盘状，做到里浅外深。将肥料均匀撒施后，及时覆土。干旱季节，应先浇水或施人粪尿后再均匀撒施化肥，防止肥料局部过浓而伤根，切忌燥施。该方法适用于土层浅和地下水位高的成年橘园。

4. 放射状施肥　距树干 30～50 厘米处，依树冠大小，向外开放射状沟 4～6 条，沟宽 30 厘米左右，长 50～60 厘米，深

10～30 厘米(里浅外深)，将有机质肥料或绿肥与人粪尿和化肥混施，酸性或碱性(包括石灰性)橘园还可掺施石灰或硫黄粉，施肥后及时覆土。以后逐次轮换开沟位置，以至全园。这种施肥方法有利根系外伸，扩大树冠，并具有改土作用。该方法对进入结果期的青年至成年橘园较为适宜。施肥也可结合根系轮换更新进行。

5. 长沟状施肥　在树冠滴水线外围东、西或南、北两侧，开深 20～40 厘米，宽 30～50 厘米，长为树冠 1/4 的平行沟，每年轮换开沟位置，并随着树冠的扩大而往外推移，直至全园。这种方法伤根少，也有改土效果，适合进入结果期的青年至成年橘园深施有机质肥料和绿肥时使用。

6. 穴状施肥　为减少磷、钾等肥料的流失和固定，避免伤根过多，在树冠滴水线周围，挖直径 30～50 厘米、深 30～50 厘米的施肥穴 4～6 个。挖穴位置逐次轮换。这种方法适合通透性差的粘土和粉砂土柑橘园施用速效肥料时采用。

各种深施肥料的方法见图 5-3。

7. 深浅结合法　这种方法是将盘状施肥法与开穴施肥法结合进行，即在盘状的基础上，再开数穴(一般在盘状外围，即滴水线附近开穴)，使施入肥料分散在不同土层，有利不同深度的根系吸收利用。施用效果较好，适合成年橘园施用有机和无机肥料时采用。

8. 喷滴灌施肥法　这是近年来采用的一项新技术。通过喷滴灌系统进行施肥，需要有肥料容器及排射器，喷头和滴头也要特制的。据试验，甜橙树通过滴灌施用氮肥，比土施效果好，且施用肥料少。用氮、磷、钾混合肥料时存在喷头或滴头堵塞问题，只有在肥料充分溶解、过滤后才能使用。该方法可实行自动化，但设备条件要求较高。目前在我国尚未达到实用阶段。

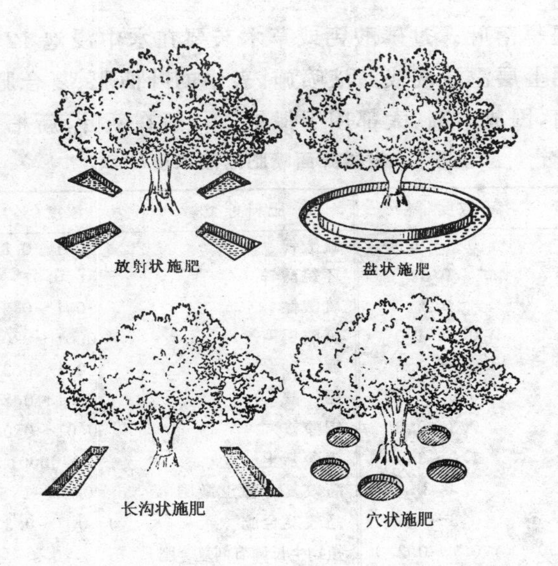

图 5-3 柑橘园几种施肥方法示意图

(二)叶面喷肥法

又叫根外追肥法。是将肥料用水溶解后稀释成一定的浓度,直接喷施在树冠叶片上,使叶片迅速而直接地吸收营养元素。叶面喷肥比土壤施肥见效快,肥料用量省。在橘树发生缺素症或遇到冻害、水害、旱害等自然灾害时,为补充根系吸收养分的不足,可采取叶面施肥法,随时补给养分,但不能取代土壤施肥。

水溶性速效肥料只要对叶片和果实无药害,都可用作叶面喷肥。常用的叶面喷肥浓度见表 5-7。要严格掌握使用浓度,尤其是微量元素,浓度过高往往会引起药害,浓度过低则效果不明显。缩二脲含量高于 0.25%的劣质尿素不宜用作叶面喷肥,否则,施用后会产生缩二脲中毒,出现叶尖黄化,叶寿命缩短，提早落叶。过磷酸钙或草木灰要在水中浸泡12～24小时后，用上层澄清液或滤液喷施。表中的叶面肥、复合肥、稀土、增产菌，因成本高，大都用于保果。一般在新叶、新梢生长

表5-7 柑橘叶面喷肥溶液浓度

肥料种类	浓度(%)	肥料种类	浓度(%)
尿　素	0.3～0.5	硫酸锌	0.1～0.3
硫酸铵	0.3	环烷酸锌	0.67
硝酸铵	0.3	硫酸锰	0.1～0.3
过磷酸钙	0.5～1.0	硫酸铜	0.01～0.05
磷酸二氢钾	0.2～0.5	硼　砂	0.1～0.2
硫酸钾	0.3～0.5	硼　酸	0.1～0.2
硝酸钾	0.3～0.5	钼酸铵	0.01～0.05
草木灰	1.0～3.0	硝酸稀土	0.00001
磷酸氢钙	0.3	高效复合稀土微肥	0.33～0.5
硝酸钙	0.3～0.5	高效复合肥	0.2～0.3
硫酸镁	0.1～0.2	植物生长调节剂复合肥	0.4
硝酸镁	0.5～1.0	百富农叶面肥	0.3～0.4
柠檬酸铁	0.1～0.2	绿旺3-15叶面肥	0.1
硫酸亚铁	0.1～0.2	碧全健生素	0.2
螯合铁	0.1～0.2	增产菌	0.25～0.5

期喷施，即在叶组织未老熟之前进行，其中以春梢生长期和幼果期效果最好。叶片老熟后吸收效果下降。喷施以阴天或早晚效果较好，切忌在烈日的中午和雨天进行根外追肥。

喷施的次数依树势和缺素情况而定，幼树、强势树或结果少的树少喷或不喷，弱势树或花多、果多的树应多喷。在芽期和抽夏梢期间应停止根外追肥。一般大量元素多喷几次不会有大的坏作用。微量元素在连喷2～3次后，如果缺素症状消失，就不必再喷。由于柑橘对微量元素比较敏感，喷施次数过多，会引起过剩危害。

（三）根、干吸肥法

1. 埋瓶吸铁　海涂盐碱土和山地紫色砂土上的柑橘园常会出现缺铁黄化症，需要予以防治。浙江省黄岩等地对海涂枳砧柑橘缺铁黄化树采用柠檬酸铁根系埋瓶吸铁矫治。其方法是在树冠滴水线内侧挖出直径0.3～0.5厘米粗的根，剪断后插入装有柠檬酸和硫酸亚铁混合溶液的小瓶（废青霉素瓶，约5毫升）中，每树在东、南、西、北侧共埋3～4瓶，瓶口向上。柠檬酸铁溶液的浓度随埋瓶时间而定，一般柠檬酸、硫酸亚铁、水的配比，春季（4月）为8∶12∶100，夏季（6月）为4∶6∶100，秋季（9月）为6∶9∶100。每年于春、夏季埋瓶1～2次，基本上可矫治缺铁黄化症。四川省遂宁市对山地紫色土缺铁黄化的枳砧锦橙树，在5月份用15%尿素铁加10毫克/千克萘乙酸进行根系埋瓶，每株2～4瓶，每次埋瓶应轮换位置。配溶液时要求硫酸亚铁纯正，已氧化了的不可使用，要用清洁的淡水，不可用咸水配溶液。该方法也适用于其他微量元素缺素症的矫治。

2. 套根吸肥　该方法是在"埋瓶吸铁"的基础上改进而成的，它可以克服土壤施肥带来的一些缺点，如营养元素的被固定或流失、微量元素肥料效果不够显著、用肥量大以及造成土壤污染等，因而能运用于大面积生产上施用微量元素肥料和植物生长调节剂，对高pH值或钙质土壤的橘园更适宜。

套根时期：使用微肥可于花蕾期至第一次生理落果期，使用生长调节剂或微肥与生长调节剂的混合使用，在谢花后3～7天进行。

套根方法：使用浓度等于或略低于叶面喷肥的浓度，如硼酸用0.05%～0.1%，细胞激动素和赤霉素分别用25～50毫克/千克。塑料袋的大小为8厘米×10厘米或10厘米×13厘米，每袋可装溶液 50～200 毫升，用肥量为叶面喷肥的10%～20%。在树冠滴水线向内约 30 厘米距离处，掏出吸收根较多的一束小根，将掏出的根插入装有肥料溶液的塑料袋内，然后将袋口收拢，以防肥液溢出或水分蒸发。在树的东、南、西、北方向各套 1 袋，并视树的大小酌情增减。由于根系和袋裸露在外面，最好覆盖杂草等，以防日晒。

3. *树干注射*　该方法要对树干进行钻洞，会影响树体生长，所以只能在特殊情况下对树体作救急处理时应用。首先制作注射用输液器，将 500 毫升的玻璃瓶（葡萄糖瓶）或塑料瓶截去底部，瓶口朝下，连接上皮管，皮管另一端装上塑料或铜制的注射“针”，“针”的外径与树干上钻的洞的内径基本相近。其次在砧木部 10 厘米左右处钻洞，钻头应朝树干横断面弦的方向钻，钻头直径 3～5 毫米，打一深 3～5 厘米的洞，然后插入注射“针”，把输液瓶挂在树冠一定的高度上，利用高差造成的压力加速树体吸入肥液（药液、生长调节剂等）。用这种方法，肥液的吸收集中在起初的几天，以后吸收缓慢。因此要拔出注射针，清洗后，更换注射位置和注射液，重新钻洞注射。肥液中加入 30%～40%的酒精溶液，可以加速树体对溶液的吸收。

第六章　肥料种类及使用技术

肥料种类繁多，根据其性质和形态，可分为有机肥料、化学肥料、复合（混）肥料、微生物肥料四大类（见表 6-1）。按组成成分划分，化学肥料又可分为氮肥、磷肥、钾肥、钙肥、镁肥和微量元素肥料等。复合（混）肥料因制造工艺不同，还可划分为化学合成复合肥、配合复合肥和混成复合肥。按使用范围划分又可分为通用型复合(混)肥和专用型复合(混)肥。

为便于了解各种肥料的特性以及使用技术,现分别介绍如下。

表 6-1　柑橘园(包括绿肥等)施用肥料种类

- 柑橘园用肥料
  - 有机肥料
    - 人、畜、禽粪尿(包括厩肥)
    - 泥肥
    - 堆肥(包括杂草、垃圾、沤肥、焦泥灰)
    - 饼肥
    - 骨粉
    - 鱼肥
    - 绿肥(包括稻草、麦秸、甘蔗渣等)
  - 无机(化学)肥料
    - 氮肥　尿素、氯化铵、硫酸铵、氨水等
    - 磷肥　过磷酸钙、钙镁磷肥、重过磷酸钙等
    - 钾肥　硫酸钾、氯化钾等
    - 钙肥　石灰、石膏、硝酸钙等
    - 镁肥　氧化镁、硫酸镁、硝酸镁等
    - 微量元素肥料(包括稀土肥料)
  - 复合(混)肥料
    - 化学合成复合肥　磷酸铵、磷酸二氢钾等
    - 配合复合肥(包括缓效复合肥)
    - 混成复合肥(包括有机-无机复合肥)
  - 生物肥料
    - 根瘤菌(剂)肥料　大豆根瘤菌、豇豆根瘤菌、苜蓿根瘤菌等
    - 固氮菌(剂)肥料
    - 磷细菌(剂)肥料
    - 抗生菌(剂)肥料　“5406”抗生菌肥等
    - 生物有机肥料

一、有机肥料

(一) 人 粪 尿

人粪尿是一种含有机质较少、含氮较多的速效性有机肥

料。其中含有机物5%～10%，氮0.5%～0.8%，磷(P_2O_5)0.2%～0.4%，钾(K_2O)0.2%～0.3%，还含有钙、硫、铁等元素。由于氮素中70%～80%呈尿素态，易分解转化成碳酸铵，而被柑橘根系吸收，肥效迅速，施后7天就能见到效果。然而，由于碳酸铵不稳定，会继续分解产生二氧化碳和氨气挥发而损失。所以在施用人粪尿肥料时，应扒开树盘表土，施后将表土覆盖，防止氮的损失。同时，人粪尿不能与碳、草木灰等碱性肥料混施。为防止人粪尿中氮的损失，还可加保氮剂过磷酸钙、石膏等。人粪尿一般作为柑橘追肥使用。尤其在幼龄柑橘园内，用人粪尿作追肥1年多达7～8次。施用的人粪尿应该是经过腐熟，并用清水稀释5～10倍的稀人粪尿。这样可防止肥害，有利根系的吸收。

（二）家畜粪尿

家畜粪尿也是我国农村最常见的主要有机肥料。在猪、牛、羊、马的粪尿中，粪的主要成分是未消化的食物和中间产物，其中含有蛋白质、脂肪、有机酸、纤维素和木质素等。尿中含氮、钾较多。家畜粪尿中的养分含量，见表6-2。

在家畜粪尿中，猪、牛粪属冷性肥料，一般在通气性较好的砂性土壤上施用为宜。马、羊粪属热性肥料，在砂性和粘性土壤施用都有较好效果，还可改善质地粘重的冷性土性状。一般半腐熟的畜粪肥料在冬季作基肥施用，腐熟的可作全年追肥施用。据分析，羊、猪、马、牛粪便的碳氮比分别为12.3，16.2，19.8，21.5，可作为沼气发酵材料，不仅充分利用能源，而且经发酵后的家畜粪便，肥效迅速，易被根系吸收，还可减少养分损失，可作柑橘全年追肥施用。

表 6-2　常用各种有机肥料成分　（单位：%）

肥料种类	氮 (N)	磷 (P_2O_5)	钾 (K_2O)	有机质
粪尿类				
人　粪	1.00	0.40	0.30	20.0
人　尿	0.50	0.10	0.30	3.0
猪　粪	0.60	0.45	0.50	15.0
猪　尿	0.30	0.13	0.20	2.5
马　粪	0.50	0.35	0.30	20.0
马　尿	1.20	微量	1.50	6.5
牛　粪	0.30	0.25	0.10	14.5
牛　尿	0.80	微量	1.40	3.0
羊　粪	0.75	0.60	0.30	28.0
羊　尿	1.40	0.05	2.20	7.2
鸡　粪	1.63	1.54	0.85	25.5
鸭　粪	1.00	0.40	0.60	26.2
鹅　粪	0.55	0.54	0.95	23.4
兔　粪	1.85	1.13	1.94	—
绿肥类				
紫云英	0.40	0.11	0.35	11.0
苕　子	0.56	0.13	0.43	15.0
黄花苜蓿	0.55	0.11	0.40	15.5
蚕　豆	0.55	0.12	0.45	19.0
豌　豆	0.51	0.15	0.52	17.5
猪屎豆	0.59	0.26	0.70	18.0
田　菁	0.52	0.07	0.15	19.0
饭　豆	0.50	—	—	17.0
绿　豆	0.52	0.12	0.93	—
紫花苜蓿	0.56	0.18	0.31	—
肥田萝卜	0.27	0.06	0.34	—
印度豇豆	0.52	0.12	0.73	—
柽　麻	0.78	0.15	0.30	—
油饼类				
大豆饼	7.00	1.32	2.13	78.5

续表 6-2

肥料种类	氮 (N)	磷 (P_2O_5)	钾 (K_2O)	有机质
花生饼	6.32	1.17	1.34	85.5
棉籽饼	3.41	1.63	0.97	82.2
菜籽饼	4.60	2.48	1.40	83.0
茶籽饼	1.11	0.37	1.23	81.8
桐籽饼	3.60	1.30	1.30	—
杂肥类				
生骨粉	4～5	15～20	—	—
粗骨粉	3～4	19～22	—	—
牛羊骨粉	0.06	18～20	微量	—
骨　粉	1～2	29～34	—	—
骨　灰	0.06	40.00	—	—
猪　毛	13.00	0.02	微量	—
牛　毛	13.80	—	—	—
人　发	13～15	0.08	0.07	—
鸡　毛	14.21	0.12	微量	62.4
泥土肥类				
熏　土	0.18	0.13	0.4	1
炕　土	0.08～0.41	0.11～0.21	0.26～0.97	—
墙　土	0.1	0.1	0.57	—
河　泥	0.27	0.59	0.91	5
塘　泥	0.33	0.39	0.34	2.5
堆肥、沤肥类				
厩　肥	0.48	0.24	0.63	25
土　粪	0.12～0.94	0.14～0.6	0.3～1.84	—
堆　肥	0.40～0.50	0.18～0.26	0.45～0.7	15～25
沤　肥	0.32	0.06	0.29	—
粪　干	1.02	1.34	1.11	—

（三）厩　肥

厩肥是家畜粪尿、垫料和饲料碎屑的混合物，经堆腐后作肥料施用。厩肥中含有大量的有机质和各种营养元素，因垫料和饲料不同，其养分含量有一定差异。厩肥中养分含量见表6-2。

厩肥是一种完全肥料，经腐熟后的厩肥既可作基肥，也可作追肥施用。作为柑橘肥料，厩肥一般在冬季或春季施用。

（四）泥　肥

泥肥主要是指河、塘泥、沟泥及城镇下水道淤泥等。在我国南方柑橘产区，常有冬季疏通河、沟污泥和挖塘泥，挑培橘园的习惯。泥肥一般富含有机质和氮、磷、钾养分，质地细粘，是就地取材、改良和肥培橘园土壤的好办法。不同来源泥肥的养分含量见表6-3。

表6-3　不同泥肥的养分含量

泥肥种类	有机质（%）	全量养分			速效养分			引用文献
		氮（%）	五氧化二磷（%）	氧化钾（%）	铵（毫克/千克）	五氧化二磷（毫克/千克）	氧化钾（毫克/千克）	
河泥	5.28	0.20	0.36	1.82	1.25	2.8	7.5	张耀东等（1983）
塘泥	2.45	0.20	0.16	1.00	273	97	245	
沟泥	9.36	0.44	0.49	0.56	100	30	—	
湖泥	4.46	0.40	0.56	1.83	—	18	55	

在泥肥的使用上，要注意还原性的有毒物质（硫化氢等），使用前最好将泥肥干燥风化，以消除对柑橘根系的毒害。具体操作是将泥肥放在橘墩（畦）上，让其自然干燥风化后，再用锄头敲碎，然后翻入土内作肥料。它对改良砂性土壤效果较好。

（五）沼气发酵肥

沼气发酵肥是利用动植物残体（包括动物头、内脏、毛发，青草、落叶等）、人畜粪尿和生活垃圾等为原料，在一定的温、湿度和酸度条件下，经微生物的嫌气发酵，产生沼气后的残渣和肥水。由于沼气是一种廉价的生物能源，推广沼气发酵处理有利于环境卫生，减少污染，也是一种生产绿色食品的生物有机肥料，有一定的发展前途。

沼气发酵肥是由发酵物的残渣和发酵液组成。残渣约占总肥量的13.2%（湿重）。据报道，沼气发酵肥的养分含量，残渣中全氮量为0.5%～1.2%，水解速效氮为430～880毫克/千克，速效磷为50～300毫克/千克，速效钾为0.17%～0.32%。发酵液中铵态氮含量为200～600毫克/千克，速效磷为20～90毫克/千克，速效钾为400～1 100毫克/千克。

沼气发酵肥的发酵液宜作柑橘的追肥，可在夏季和秋季施用，发酵物残渣宜作基肥，在冬季或早春施用，也可与钙镁磷肥、草皮泥等，按10∶1∶10的比例混匀堆腐30～45天后作基肥施用。由于该肥料富含有机质，大量施用能改良土壤理化性状，特别是深施效果较好。

沼气发酵肥由于在发酵过程中，会产生硫化氢及剧毒的磷化氢，对人体的中枢神经系统等部位有毒害作用。曾有报道开沼气池盖取肥时，造成人猝倒死亡和遇明火引起沼气池爆炸的事故。为确保安全，应严禁在沼气池内加入含磷丰富的物质。若需入池，应提前打开进出口，让空气流通，进出口和导气管都不能有明火。新建沼气池不能在导气口作点火试验，以免引起"回火"而发生爆炸。

（六）腐殖酸类肥料

腐殖酸肥料是以泥炭、褐煤、风化煤等为原料，加入适量氨水或其他营养物质而制成的有机-无机复合肥料。常见的有腐殖酸铵、腐殖酸钠、腐殖酸钾、腐殖酸氮磷复合肥、腐殖酸微量元素肥料等，统称为腐殖酸类肥料。它们共同的特性是含有较多的腐殖酸，是由碳、氢、氧、硫、氮等元素组成，其中含碳

52%～62%，氢 3%～4.5%，氧 30%～40%，氮 3.5%～5%。它能改良土壤，提供营养，刺激生长。由于多种营养元素与腐殖酸能形成螯合物，不易被土壤固定，因此，提高了养分的利用率。

腐殖酸类肥料既可作基肥，也可作追肥，还可作根外追肥。在柑橘生产上，有用黄腐酸铁等含微量元素的腐殖酸肥料，矫正缺铁症等。生产实践还证明，在盐渍土、酸性土等质地细粘的土壤上，由于有机质少，土壤板结，施用腐殖酸类肥料有一定的改良土质效果。对改善果树品质也有良好作用。

（七）饼　肥

饼肥是油料作物的种子榨油后剩下的残渣。主要有菜籽饼、豆饼、棉籽饼、花生饼、芝麻饼、茶籽饼、桐籽饼等。

饼肥是含氮较高的有机肥料，平均含有机物 75%～85%，氮(N)2%～7%，磷(P_2O_5)1%～3%，钾(K_2O)1%～2%(表 5-2)。柑橘园使用饼肥，一般经堆腐发酵后施用，每株施发酵后的菜籽饼 1～2 千克。也可接种菌肥如"5406"抗生菌等。浙江黄岩在 20 世纪 70 年代大面积使用经"5406"接种堆腐后的菜籽饼肥，获得柑橘优质丰产，并创历史最高产量，深受橘农欢迎。

饼肥也可先作饲料，再利用牲畜粪便作肥料。据研究，用豆饼喂的猪，其排泄物中有 53.1%～65.4%的氮(N)，79.1%～89.4%的磷(P_2O_5)和 75.3%～79.8%的钾(K_2O)。若用棉籽饼或茶籽饼和桐籽饼作饲料或肥料，为防止毒副作用应先煮沸 2～3 小时，再用清水漂洗 2～3 次后才可使用，或堆腐 7～10 天后作肥料施用。

（八）海　肥

海肥是指以海洋中的动物、植物以及矿物为主形成的肥料，常见的有鱼粉和卤水等。鱼粉是由鱼虾类制成的动物性肥料，也可作饲料。其中含有机质22.63％～69.84％，全氮(N)2.65％～7.36％，磷（P_2O_5）2.15％～9.23％，钾（K_2O）0.08％～0.87％。

卤水是海肥中的矿物性肥料，主要成分是氯化钠、氯化钾、氯化镁和硫酸镁等无机盐。

海肥属迟效性肥料，含有较高的盐分，多经堆沤处理后才能施用。鱼粉是先晒干，经粉碎而成。因此，盐渍土和排水不良的低洼地柑橘园不宜施用，以免因盐分过高而影响柑橘生长。海肥用于山地酸性土壤柑橘园较为适宜。

（九）堆　肥

堆肥可分为一般堆肥和高温堆肥两种。堆肥主要是依靠微生物对有机物的分解作用。一般堆肥在常温(15～35℃)条件下，微生物活动缓慢，堆制时间较长(3～5个月)，而高温堆肥利用好热性微生物，在温度55～65℃条件下，对纤维素起强烈分解作用，从而加快堆腐速度，堆制时间较短(2个月左右)。

堆肥材料来源广泛，可用各种植物茎秆、生活垃圾、枯枝落叶、杂草及动物排泄物等材料。堆制方法可采取地面堆制和半坑式堆制。堆制时，分层加入人粪尿或家畜粪尿，然后压实并用泥土和塑料薄膜覆盖，起到保温、保湿，促进微生物的分解作用。也可在堆肥中加入1％～2％钙镁磷肥或石灰，减少养分损失，提高堆肥肥效。

堆肥的养分含量与材料有关。例如用稻草1吨加人粪尿200千克制作的堆肥，其风干物为415千克，含有机质34.8％，全氮(N)1.55％，全磷(P_2O_5)0.64％，全钾(K_2O)0.77％等。

（十）骨　粉

骨粉是将猪、牛、羊等家畜生骨，经风干后粉碎作肥料或饲料，也有的是经高温处理的脱脂骨粉。骨粉的主要养分是有机磷和钙，不溶于水，需要在土壤中经过微生物分解，才能被根系吸收利用。因此，属迟效性肥料。在柑橘生产上常使用骨粉肥提高果实品质。一般在春季柑橘施肥时单独或与饼肥混合堆制后施用，每株（成年）0.5～1 千克。

（十一）绿　肥

凡是利用绿色植物茎叶做肥料的统称绿肥。绿肥品种较多，按其来源划分有栽培绿肥和野生绿肥两种。在栽培绿肥中又可按栽培季节划分为冬季绿肥、夏季绿肥和秋季或春季绿肥。按栽培年限还可划分为一年生绿肥和多年生绿肥。在柑橘园内间作套种绿肥，是“以园养园”生产绿色食品的好办法。即使在化学肥料普及的今天，绿肥仍然是一个值得利用而有开发前途的重要肥源。柑橘园主要绿肥品种及其栽培特性，见表 6-4。现将适合我国柑橘园间作套种的几个主要绿肥品种的特性和栽培要点介绍如下。

1. 冬季绿肥　在秋季或初冬播种、到翌年春季或初夏利用的绿肥叫冬季绿肥。主要品种有黄花苜蓿、光叶紫花苕子、箭筈豌豆和蚕豆等。

(1)黄花苜蓿：　又叫金花菜、黄花草等。是一年生或越年生豆科草本植物。在长江以南各地均有种植，以浙江最为普遍。

①品种特性。主根直立，较细小，侧根多，茎丛生，半匍匐在地上，小叶 3 片，呈阔倒卵形，花呈黄色。

黄花苜蓿的主要优点是鲜草含氮量高，分枝力强，生长快，可多次刈青作饲料或蔬菜。

表 6-4 柑橘园主要绿肥品种及其栽培特性

绿肥品种	特性	适宜 pH 值	耐盐度（%）	播种期（月份）	播种量（千克）	收割期（月份）	产量（吨）	适宜土壤性质
紫云英	耐湿，耐寒，较耐瘠	5.5～7.5	不耐盐	9～10	1.5～2	3～4	1.5～2	砂壤-重壤
苕子	耐旱，耐瘠，耐寒	5.0～8.5	<0.25	9～10	1.5～3	4	1～2	砂壤-粘土
黄花苜蓿	耐湿，耐旱，耐寒	5.0～8.5	<0.2	9～10	2.5～4	4	1～3	砂壤-粘土
肥田萝卜	耐旱，耐瘠	4.8～7.5	—	4	—	7～8	1.5	壤土-粘土
蚕豆	耐湿，耐旱，耐瘠，耐寒	5.0～8.5	<0.1	10	7.5	3～4	1～1.5	砂壤-粘土
猪屎豆	耐湿，耐旱，耐瘠	4.5～7.5	<0.1	5	2	7～8	2～3	壤土-粘土
印度豇豆	耐旱，耐瘠，耐酸	4.5～7.5	<0.15	4～5	2.5～3	7～8	2～4	壤土-粘土
饭豆	耐旱，耐瘠	4.5～8.0	<0.1	4～7	2～3	9	1～2	砂壤-重壤
绿豆	耐旱，耐瘠，耐酸	5.0～8.5	<0.15	4,7	2.5～3	6,9	0.3～0.5	壤土-粘土
田菁	耐湿，耐瘠	5.5～9.0	<0.35	4～5	2～4	7～8	1～2	壤土-粘土
柽麻	耐湿，耐旱，耐瘠，耐酸	4.5～8.5	<0.3	5～6	5	8～9	2～3.5	砂壤-粘土
紫花苜蓿	多年生，耐旱，耐瘠，耐阴	6.0～9.0	<0.25	9,4	1.5～2.5	7～8	1～2	砂土-重壤

注：表中单位面积按 667 米^2 计算

②栽培要点。黄花苜蓿最适宜在中性砂质土壤上种植。在排水良好的粘性土壤也能生长良好。并宜于盐渍土柑橘园内种植。在播种前进行晒种和露种处理。即将选择好的种子在晴天时将果荚摊在潮湿泥地上，中午前用草席或稻草盖好，傍晚时揭开草席，连续3天接受露水处理。播种适期为9月中旬至10月中旬。播种量每667米^{2}6～7.5千克，点播量为4～5千克。以掌握"瘦地多播、肥地少播，迟种多播、早种少播，撒种多播、点种少播"的原则。柑橘园以穴播或条播为主。为提高出苗率，还可采取过磷酸钙或钼酸钠浸种过夜。在田间管理上，应看苗施用冬肥和春肥，一般每667米^{2}施人粪尿250千克，过磷酸钙10～15千克。黄花苜蓿易发炭疽病，发病时，可用25%多菌灵0.25千克加50%福美双0.25千克，加水250升喷布。

据测定，黄花苜蓿盛花期和初荚期鲜草产量和含氮量均较高，是利用作肥料的适期。

(2)光叶紫花苕子：又名野豌豆、蓝花草等。属一年生或越年生草本豆科植物。

①品种特性。主根大，入土深达1～2米，侧根十分发达。叶为偶数羽状复叶，小叶7～12对，顶有卷须。花呈紫红色。其优点是耐寒，耐旱，比较耐瘠，耐盐碱能力也比黄花苜蓿强，病虫害少，早春生长比其他绿肥快。缺点是生长期长和种子成熟迟等。

②栽培要点。光叶紫花苕子适宜在排水良好的砂性土壤上生长。土壤pH值在5～8.5时均能种植，在全盐量0.15%的土壤中亦能正常生长。适宜播种期在长江以南是9月上中旬，最迟不超过9月份。播种量每667米^{2}为2～3千克，晚播或地力差或盐分高的应增加播种量。播种方法，柑橘园内多采

取条播或穴播。要增施磷肥，每667米^{2}施过磷酸钙15千克左右，可作基肥，也可作追肥，要争取在年前施用。磷肥要集中施用。

光叶紫花苕子的翻耕适期，在现蕾期至初花期。

(3)箭筈豌豆：又称野豆、野菜豆等。是一年生或越年生豆科草本植物。按其开花成熟的早晚，可分早、中、晚三个品种。从澳大利亚引进的66-25箭筈豌豆，是一种南方型早熟品种，在柑橘产区均有种植。

①品种特性。箭筈豌豆主茎不发达，植株半匍匐，羽状复叶，顶有不发达卷须，花腋生、呈紫红色。箭筈豌豆具有早发、速生、早熟、产种量高而稳等特点。由于它春性强，箭筈豌豆也可春播，但产量不及秋播。全生育期为230～240天。耐－4℃～－8℃低温。

②栽培要点。箭筈豌豆适宜在气候干燥，排水良好的砂质土壤上生长。播种期为9月中旬至10月上旬，而春播在2～3月份进行，以早播为宜。播种量，作柑橘园间作套种秋播绿肥，每667米^{2}为4～5千克。箭筈豌豆苗期生长较慢，要及时中耕除草和施肥，促进幼苗生长。遇多雨天气要及时排水，防止积水烂苗。箭筈豌豆花期短，种子灌浆快，成熟一致，豆荚80％以上变黄时即可收获。箭筈豌豆在盛花期鲜草产量高、养分含量也高，肥效最佳，是最适宜深翻压绿、刈青作肥料的利用期。

(4)蚕豆：又叫胡豆、佛豆等。也是一年生或越年生草本豆科植物，粮、菜、肥、饲料兼用。按种子大小，分为大粒种(千粒重1 252克以上)、中粒种(千粒重650～800克)、小粒种(千粒重650克以下)。其中小粒种对气候和土壤条件要求低，籽粒和茎叶产量较高，最适宜作绿肥或饲料。然而，在浙江一带多以茎叶作肥料，豆作菜食用。因此，喜种大粒种或中粒种。

①品种特性。蚕豆根系圆锥形，较为发达，主根可达1米左右，侧根多，根上生有根瘤，叶互生，偶数羽状复叶，小叶4～6片，呈椭圆形，有不发达的卷须。花腋生，有紫白色和白色两种。

蚕豆适宜在温暖湿润的气候条件下生长，虽对土壤要求不高，但在粘质壤土上生长最好。适宜的土壤 pH 值为 6.2～8，在盐渍土上亦能生长良好。其耐寒性较 66-25 箭筈豌豆强。优点是生长快。

②栽培要点。播种前晒种 2～3 天，用 30%人尿浸种 6～12 小时，有时还可用水进行催芽播种，一般能提早 1 周左右出苗。有条件的还可接种蚕豆根瘤菌，促进根系固氮能力。

蚕豆在柑橘园内多在 9 月下旬至 10 月中旬播种，最迟不超过 11 月下旬。播种量大粒种每 667 米^2 为 10～15 千克。播种方法多采取点播，每穴 2～3 粒，播后覆土约 5 厘米。在田间管理上，浙江的经验是“深施基肥，穴施磷肥，冬施保暖肥，春浇结荚肥”。蚕豆灾害较多，发病初期多用代森锌、多菌灵、波尔多液等药剂进行防治，每 5～6 天喷药 1 次。虫害有蚕豆象和蚜虫等。可在播种前将种子在开水中烫 30 秒钟，以杀死豆象幼虫。蚜虫可用 40%的乐果 1∶2 000 倍液喷杀。

蚕豆作绿肥用时，一般在盛花期至始荚期利用。在柑橘园内套种间作的蚕豆，多摘青荚后利用其茎叶和荚壳作肥料。用法是将蚕豆茎叶和豆荚壳覆盖在橘墩或树盘上，这样既可加强地面覆盖，又可晒干后翻入土内作肥料。也有直接翻入土壤中，作扩墩（穴）或深翻改土的肥料。如能将其制作沤肥或堆肥，让其充分腐熟后施用，肥效更好。

2. 夏季绿肥　是春季播种，夏秋季收获，在高温多雨的气候条件下生长，具有生长快，生长期短，产量高等特点。是柑橘园主要间作套种的绿肥。主要有田菁、猪屎豆、印度豇豆、绿豆、饭豆、柽麻等。

(1)田菁:又名咸菁、涝豆,为一年生草本豆科植物。栽培于南方沿海各地,是沿海地区改良盐土的先锋作物。

①品种特性。田菁主根肥大,根系发达,根深可达 1 米以上,侧根着生大量根瘤。茎直立,分枝多,株高一般 2～3 米,也有更高的。叶为羽状复叶,小叶 20～30 对。每花序有花 3～6 朵,黄色带紫色斑点。

田菁喜温暖湿润气候。抗逆性强,耐盐碱,耐旱,耐涝。

②栽培要点。田菁播种期为 3 月上旬到 6 月。长江以南地区一般 4 月上旬开始播种,作为柑橘园间作套种绿肥,可适当早播。播种前需要进行种子处理,具体方法是将种子浸泡在 60℃左右的温水中,水量为种子体积的 2～3 倍,然后搅拌种子 2～3 分钟,经 20 分钟自然冷却后,捞出晾干即可。为使出苗整齐,盐渍土柑橘园宜在雨后播种。播种量每 667 米^2 3～4 千克,如作短期绿肥,每 667 米^2 用量不少于 5 千克。田菁作绿肥用可以撒播,但在幼龄柑橘园内间作套种多采取条播或点播。

田菁苗期耐涝、耐盐能力较弱,要防止积水和返盐,雨后要及时排水和中耕松土。每 667 米^2 施过磷酸钙 10 千克左右,也可在现蕾期喷施 1%～2%的过磷酸钙溶液 1～2 次。田菁生长期中主要害虫为斜纹夜蛾和黄粉蝶,要注意防治。

留种的田菁应在盛花期先打顶心,4～5 天后再剪去边心,可提高种子质量和产量。

作绿肥用田菁,在孕蕾初期翻耕较好,此时植株养分含量高,掩埋后茎叶容易腐烂。此外,也可作堆肥或沤肥的原料,经堆(沤)腐熟后作柑橘肥料。

(2)猪屎豆:学名叫大叶猪屎豆,俗称大粒猪屎豆或响铃豆,为一年生豆科植物。是红壤山地的先锋作物,也是改良红壤的重要绿肥。在我国南方红壤丘陵山地均可种植。

①品种特性。猪屎豆有早熟和晚熟品种两种。主要特性是直立性,株高 1 米以上。耐酸、耐瘠性特强,耐旱性也强。茎叶柔嫩,刈后能再生。

②栽培要点。播种期为 4 月下旬至 5 月中下旬,播种前要进行捣种,一般用细沙拌种轻捣,播种量为每 667 米^2 1～1.5 千克。苗高 25 厘米左右要中耕 1 次,后期有豆荚螟为害,要注意防治。作绿肥在初花期刈青翻压或沤青都好。由于猪屎豆植株高大,影响柑橘生长,可采取分次刈青沤肥或堆肥,也可另设绿肥基地。

(3)印度豇豆:原产印度,是一年生豆科草本植物。在四川、浙江、福建、江西等地主要柑橘产区,多引种作绿肥。

①品种特性。蔓长达 4 米以上,匍匐性。根群发达,耐瘠、耐旱性强,适应性也强。在山地、海涂、平原地区均生长良好,生长期长,进入覆盖期早,可刈青 1～2 次,鲜茎产量也高。

②栽培要点。印度豇豆播种期,在浙江是 4 月上中旬。播种量每 667 米^2 2.5～3.5 千克。在初花期翻压或沤青作肥料,茎叶产量高,一般每 667 米^2 可收鲜茎叶 2 000 千克以上。

(4)绿豆:有乌绿豆或叫大绿豆。适宜种植的土壤及气候都较广泛,但不宜在盐土和易于涝害的地方栽培。

①品种特性。茎直立性或蔓性,高 70～100 厘米,茎叶茂盛,生长期短,生长迅速,覆盖期长,适宜于 pH 值为 5～8.5 的壤土至粘土上栽培。

②栽培要点。适宜的播种期在浙江是3月下旬，其他地区可适当提早或延迟。点播的播种量为667米^2 2～3千克。苗高约10厘米时，要进行1～2次中耕除草和浇水灌溉1～3次，可在初花期结合冬季柑橘施肥进行翻压或沤青，每667米^{2}的鲜茎叶产量可达1 000～1 500千克。

(5)饭豆：群众也称爬豆、爬山豆、米豆和赤小豆等。在四川、贵州、云南、福建、江西、江苏和安徽等省均有种植。

①品种特性。饭豆有大粒和小粒两种类型，茎匍匐性，蔓长可达2米以上，茎叶旺盛，覆盖度大，耐瘠性比印度豇豆强，适于在pH值为4.5～8的砂壤土至重壤土上栽培，在红壤山地柑橘园中生长良好。

②栽培要点。饭豆播种期在4月中旬左右。播种量在柑橘园内点(穴)播的情况下，每667米^{2}为2.5～3.5千克。在7月盛花期翻压或刈青较为适宜，每667米^{2}的鲜茎叶产量可达1 500千克左右。

柑橘园间作套种绿肥、深翻压绿肥能改良土壤，提高土壤肥力，改善土壤水、气、肥、热等理化性状和生物性能，对柑橘有促进生长，提高产量等作用。据四川省果树研究所观察，4年生锦橙园种植春季绿肥光叶紫花苕子、夏季绿肥饭豆和上海豇豆，分别在5月中下旬及8月下旬翻压，土壤有机质测定结果表明，翻压绿肥处理的有机质含量明显增高(表6-5)。此外，种植绿肥，在干旱期间，起到了良好覆盖作用，提高抗旱力，使幼树生长良好，枝梢抽发整齐。

表 6-5　深翻绿肥对柑橘园土壤养分的影响

绿肥种类	有机质(%)		全　氮(%)		速效磷(毫克/千克)		速效钾(毫克/千克)	
	施肥前	施肥三年后	施肥前	施肥三年后	施肥前	施肥三年后	施肥前	施肥三年后
蚕豆茎秆	0.96	1.72	—	0.14	—	17.6	—	276
红苕藤	0.95	1.41	0.06	0.11	8.0	15.4	101	238
花生藤	0.95	1.73	—	0.13	—	16.9	—	279
水粪加尿素	0.95	0.98	—	0.13	—	10.2	—	128

注:深翻绿肥每 667 米^2 为 2 500 千克。水粪每年每 667 米^2 约施 2 500 千克,尿素 10 千克

3. 野生绿肥　据资料介绍,我国野生绿肥利用最广泛的有 10 种,其中 7 种分布在我国柑橘产区,可以利用作绿肥。它们是:

(1)黄荆:属马鞭科,群众称布荆、白背叶、牡荆、蒲姜等。在长江以南各地均有生长,山区广泛利用。

(2)鸭脚木:属五加科,又称鹅掌柴,在广西、广东等地利用普遍。

(3)苦刺:属豆科,在云南、贵州普遍利用。

(4)马桑:属马桑科,又名胡麻叶,在四川、湖南、贵州普遍利用。

(5)艾草和蒿:属菊科,在长江以南各地利用极为普遍。

(6)盐肤木:属漆树科,在浙江、福建普遍利用。

(7)湖草:种类很多,大都属莎草科,长江流域各湖区利用极为普遍。

此外，分布较广、局部地区已利用的还有下列几种：豆科的有胡枝子、铁扫帚、铁马鞭、鸡眼草、白三叶草、合萌、决明。猪屎豆属的有假花生、野百合。菊科的有飞机草，分布海南岛各地。夹竹桃科的有羊角坳，分布在华南一带。蓼科的有红辣蓼和辣蓼，分布在长江以南。禾本科的有苦竹叶等，分布闽、粤各地。其他的有蕨（主要为凤尾蕨科）、溪巨、苦楝、合欢树、槐树等，在长江以南山区割其嫩叶作绿肥。

另据汤锦兰（1984）对浙江黄岩柑橘园杂草种类的调查，常见杂草有 56 科 223 种。其中春季生长的有 25 种，夏季生长的有 26 种之多，秋季生长的也有 26 种以上。在这些杂草中已明确属野生绿肥的有豆科的鸡眼草（假苜蓿）、野花生、中华胡枝子、截叶铁扫帚，马鞭草科的黄荆，菊科的艾和青蒿等。杂草大部分入土浅，根系发达，分布也广，可以广泛利用。除部分恶性杂草（特别是毒草）必须铲除外，大部分可以利用作绿肥。尤其是在柑橘生产上提倡省力栽培以来，随着免耕法推行和实施，除有计划种植绿肥外，如何利用柑橘园杂草，也引起了人们的重视。

二、无机（化学）肥料

化学肥料的施用在我国农业生产上已积累了丰富经验。柑橘生产实践证明，在施用有机肥料的基础上，配合施用化学肥料，不仅能提高有机肥料的肥效，还能获得较大幅度的增产效果。所以，施用化学肥料，对发展柑橘生产，同样具有重要意义和作用。

（一）氮素化学肥料

氮素化学肥料按氮化合物形态划分，有铵态氮肥、硝态氮肥、酰胺态氮肥以及氰氨态氮肥。

1. 铵态氮肥　肥料中的氮素是以铵盐的形态存在。如硫酸铵、氯化铵、碳酸氢铵、氨水等。前两种为稳定性氮肥，在一般贮存条件下，肥料中的铵不会自行分解挥发，后两者是挥发性氮肥，在存放过程中，肥料中的铵会转化成氨气(NH_3)挥发，而造成氮素的损失。铵态氮的共同特点是：①易溶于水，肥效迅速，柑橘根系能直接吸收利用。但在贮运过程中，要注意防雨、防潮、防挥发，以防氮的损失。②施入土壤后，铵态氮在土壤溶液中形成铵离子(NH_4^+)，被土壤胶体所吸附，而保存在土壤中。③挥发性氮肥要深施，稳定性氮肥在石灰性土壤上也必须深施。如果浅施会造成氨的挥发损失。④硫酸铵和氯化铵等铵态氮肥属生理酸性肥料，在酸性或中性土壤上长期施用，会使土壤变酸，土壤板结。⑤铵态氮肥不能与碱性肥料(如草木灰、石灰、钙镁磷肥和石灰氮等)混合。特别在潮湿条件下，铵态氮肥遇碱性物质，会引起氨的挥发，降低肥效。

2. 硝态氮肥　氮素以硝酸盐的形态存在。如硝酸铵、硝酸钙和硝酸钾等。这类氮肥的共同特点是：①易溶于水，肥效快，能被柑橘根系直接吸收，适宜作追肥施用。②硝酸根(NO_3^-)不易被土壤胶体吸附，施入土壤后，会随水流动而造成养分流失。③硝酸钾和硝酸钙属生理碱性肥料，施入土壤后，由于柑橘根系的选择性吸收，而造成局部土壤 pH 值的增高而呈碱性。④硝态氮肥吸湿性强，易燃易爆，吸湿后结成硬块。在潮湿环境条件下放久，会溶化淌失。因此，在运输和贮存过程中，要特别注意防潮。堆放时，不要压得太重，不要与易燃物堆放一起，以防止发生爆炸等事故。

3. 酰胺态氮肥　尿素中的氮素以酰胺态氮的形态存在。柑橘根系只能吸收少量酰胺态氮，而大部分氮素要通过微生物的作用，转化成铵态氮后才能被柑橘根系大量吸收。尿素的肥效较前两种形态的氮肥要慢一些。酰胺态氮虽能被土壤胶体吸附，但它的流动性比铵态氮要大，因此，也较容易损失。

4. 氰氨态氮肥　石灰氮肥料中的氮素是以氰氨态氮形态存在。柑橘根系不但不能吸收，且有毒害作用。必须经堆腐转化后，才能被吸收利用。所以，石灰氮是迟效性肥料。

下面介绍几种常用氮肥。

硫酸铵

又叫硫铵，俗名叫肥田粉。含氮20%～21%，含硫24%，为白色结晶粉末，易溶于水，吸水性小，容易贮存。硫酸铵是一种生理酸性肥料，施入土中后很快溶于土壤溶液中，分解成铵和硫酸，铵或被柑橘根系吸收，或被土壤胶体吸收，剩下的硫酸根和被代换出来的阳离子结合成新的硫酸盐或硫化合物，在酸性土壤中与氢结合形成硫酸，使土壤变酸。长期施用硫酸铵会使土壤酸化，造成土壤板结，不利柑橘根系生长。因此，在酸性土壤柑橘园内避免连续长期施用硫酸铵。由于硫酸铵在碱性条件下会引起氨的挥发，也不宜在碱性和石灰性土壤柑橘园内施用，否则会造成氮素的损失，降低肥效。

氯化铵

含氮24%～25%，含氯61%(氯化钠3%)。为白色或微黄色结晶，吸湿性较大，易溶于水。氯化铵也是生理酸性肥料，施用上注意点基本与硫酸铵相同，但由于氯化铵含有较高的氯，柑橘又是忌氯作物，因此，在施用量上要加以控制，一次不宜施用过量。据报道，每年株施氯化铵以不超过1.5千克，每次施用0.75千克/株为宜，最多不超过1千克。施用过多会发生氯毒害症。其症状首先从老叶叶身与叶柄处断裂，叶身脱落，叶柄留在枝梢上。而新叶保持原状。

碳酸氢铵

简称碳铵、也叫重碳酸铵。含氮量为17%～17.5%，一般为白色粉末或细粒，有刺激性氨臭，易溶于水，吸湿性不大，会潮解和挥发损失，特别是在贮存过程中易挥发损失，这是碳酸铵肥料的最大缺点。

碳酸氢铵在土壤中不残留酸根和其他有害物质，可用于各种土壤和作物。由于它化学性质不稳定，在35℃以上时分解成氨、二氧化碳和水，施用时一定要开沟或挖穴深施(10厘米)，施后立即覆土和浇水，以防氮素挥发而损失。

硝酸铵

含氮33%～35%，铵态氮和硝态氮各占一半。它是白色结晶细粒或球形颗粒状，吸湿性大，具有助燃性，在高温下分解膨胀会引起爆炸。易溶于水，是一种生理中性速效性氮肥。硝酸铵在土壤溶液中铵被土壤胶体吸附，在酸性土壤中代换出氢，在中性和石灰性土壤中代换出盐基离子，都能同硝酸根离子结合成硝酸或硝酸盐。而硝酸根在土壤溶液中不被土壤胶体吸收，流动性大。用硝酸铵作追肥时应将肥料施在柑橘根系附近土层，在疏松土壤上可施在表层随雨水和灌溉水渗透到根部。

尿素

即碳酰二胺(脲)。含氮46.6%，为无色或白色的结晶，无臭，有咸味，溶于水。尿素施入土壤后经转化分解为铵态氮后，才能被柑橘根系吸收，肥效较其他氮肥稍迟，作柑橘追肥时要提前3～5天施入土壤，作根外追肥时叶片吸收较快、见效也快。因此，在柑橘生产上常用0.2%尿素溶液作根外追肥。

尿素呈中性，吸湿性小，无爆炸危险，适合于各种土壤施用。它优于硝酸铵，是目前施用最为普遍、施用量最大的氮素化学肥料。

但必须提及的是尿素在生产过程中产生缩二脲杂质，当这种杂质含量超过0.25%时，如果作柑橘根外追肥施用，就会引起毒害，使柑橘叶片的叶尖发黄，类似缺钾症。

石灰氮

含氮20%，为黑色粉末，吸湿性较大，不溶于水。石灰氮是碱性肥料，适宜在酸性土壤上施用，它不但不能被柑橘根系吸收，反会伤害根系。该肥对人畜都有害，施用前要与湿土(肥料的10倍量)混合堆沤半个月后才能施用。该肥仅在浙江衢州等地红壤柑橘园内施用。

(二)磷素化学肥料

简称磷肥。磷肥品种较多，根据肥料的溶解度大小，可分为以下三种。

1. 水溶性磷肥　水溶性磷肥的特点：肥料中磷以磷酸一钙〔$Ca(H_2PO_4)_2$〕形态存在，能溶于水，易被柑橘根系吸收利用，肥效迅速，为速效性磷肥。例如，过磷酸钙、重过磷酸钙、磷酸铵等。

2. 枸溶性磷肥　是一种弱酸溶性磷肥，它们不溶于水，而能溶于相当2%浓度柠檬酸的弱酸中。例如，钙镁磷肥、沉淀磷酸钙、钢渣磷肥等。这种磷肥施入土壤后，能被柑橘根系和微生物分泌物(碳酸)所溶解，而逐渐释放出磷酸，被柑橘根系吸收利用。其肥效较水溶性磷肥慢,但肥效较长。这种磷肥多数含有较多的钙和镁的成分,常呈碱性。适宜在酸性土壤柑橘园内施用。

3. *难溶性磷肥* 这类磷肥中的磷素,不溶于水,也不溶于弱酸,只能在强酸中溶解,因此,也称酸溶性磷肥。例如,磷矿粉、骨粉等。它们的肥效慢,但后效可长达数年。

总的来说,磷肥的当季利用率是很低的,只有 10%~25%,即施入 50 千克磷肥,只有 1/4 被当季作物吸收,另有 3/4 是留在土壤里被以后作物所利用。这是由于磷肥中的磷容易与土壤中的钙、镁、铁、铝等成分起化学反应,生成溶解度低的磷化合物,这就是土壤中磷的化学固定作用。这种化学固定的作用,在酸性和石灰性土壤柑橘园内较强,而在中性和微酸性土壤的柑橘园内较弱。

下面介绍几种常用磷肥。

过磷酸钙

简称普钙,也可叫过磷酸石灰。是一种灰白色粉末,也有的带淡红色,稍有酸味。含有效磷(P_2O_5)14%~20%,含硫酸钙 50%左右,另含 2%~4%的硫酸铁和少量游离酸等。主要成分为水溶性磷酸一钙〔$Ca(H_2PO_4)_2 \cdot H_2O$〕与难溶性硫酸钙($CaSO_4 \cdot 2H_2O$)。特别适用于海涂盐渍土和石灰性土壤柑橘园,在微酸性至中性土壤利用率较高,在强酸性土壤上利用率低,同时促使土壤酸化,不宜施用。为提高磷的利用率,过磷酸钙可同猪牛栏肥堆腐后混合施用。单独施用时,可采取集中施肥法,减少与土壤接触,降低土壤对磷的固定作用。

重过磷酸钙

又叫三料过磷酸钙。含磷(P_2O_5)36%～52%,为普通过磷酸钙的 2～3 倍,不含石膏($CaSO_4$),所有的磷均呈磷酸一钙形态存在。由于重过磷酸钙含磷量高,在施用时应减少用量,要比过磷酸钙减少一半用量。施用方法与普通过磷酸钙相同。

钙镁磷肥

含有能溶于柠檬酸溶液中的磷(P_2O_5)14%～20%,是一种灰褐色或带有绿色的粉末,呈碱性。它不仅含有磷,还含有柑橘需要的镁和钙的成分,所以,特别适用于钙、镁缺少的酸性土壤上的柑橘园施用。由于肥效缓慢,最好与猪牛栏肥堆腐(约 1 个月)后,作基肥施用,不仅提供磷素营养,还有利于改良酸性土壤,防治柑橘缺钙和缺镁症的发生。

磷 矿 粉

直接作肥料的磷矿粉是由磷灰土磨碎制成的。常带褐色,形状像土,含有效磷(P_2O_5)14%以上,主要呈磷酸三钙的形态。呈微碱性,是一种迟效性磷肥。在使用上,磷矿粉可与化学酸性肥料过磷酸钙混合施用,也可与生理酸性肥料硫酸铵、氯化铵等配合施用,都能提高磷矿粉的肥效。如果与有机肥料一同堆沤,借助微生物的活动,也可促进磷矿粉的分解,提高其肥效。一般采取磷矿粉与农家有机肥堆沤 1 个月后,作基肥集中施入根系密集层土壤。

(三) 钾素化学肥料

简称钾肥。它来源于含钾矿物及含钾工业废弃物。常用的化学钾肥有硫酸钾、氯化钾、窑灰钾肥及钾镁肥等。草木灰主要成分是钾,也是主要农家钾肥。下面介绍几种常用钾肥。

硫酸钾

为白色或淡黄色的结晶,易溶于水,吸湿性很小,贮存时不结块。硫酸钾为化学中性,生理酸性肥料,含钾(K_2O)48%～50%,为高浓度的速效性钾肥。

硫酸钾在施用上,一般作基肥和追肥。由于它是一种生理酸性肥料,所以在作基肥施用时,应与腐熟的厩肥、堆肥等有机肥料配合施用,也可与难溶性磷肥混合施用,这样一方面可以减少酸性,另一方面可以提高磷的肥效。在作追肥施用时,由于钾在土壤中的移动范围小,应集中沟施或穴施到柑橘根系密集层土壤中,以利于根系的吸收利用。

氯化钾

含钾(K_2O)50%～60%,呈白色或淡黄色的小结晶颗粒。氯化钾是生理酸性肥料,易溶于水,在土壤中钾呈离子状态,而被土壤胶体吸附,移动性很小。氯化钾宜作基肥,在酸性土壤上施用时,应与有机肥料和石灰结合施入根际土层,若用作追肥时,仍应集中施在根系密集层土壤中。

柑橘是忌氯作物,在施用氯化钾肥料时,要控制施用量,结果树每年株施氯化钾不要超过 1 千克,每次株施不得超过 0.25 千克,而且不宜长期施用,一般连续施用3～5 年后改施其他钾肥 1～2 年,或与其他钾肥错开施用,以防氯的积累,而引起柑橘中毒。

氮磷钾化肥成分含量见表 6-6。

表 6-6 氮磷钾无机肥料成分 （单位：%）

肥料种类	氮素 (N)	磷素 (P_2O_5)	钾素 (K_2O)
氮肥			
硫酸铵	20～21	—	—
硝酸铵	34	—	—
氯化铵	25	—	—
石灰氮	20	—	—
尿素	46	—	—
氨水	17	—	—
碳酸氢铵	17	—	—
磷肥			
过磷酸钙	—	14～18	—
重过磷酸钙	—	36～52	—
磷矿粉	—	20	—
钙镁磷肥	—	14～18	—
磷酸铵(磷酸二铵和磷酸氢铵)	14.8～25.8	53.8～61.7	—
钾肥			
硫酸钾	—	—	48
氯化钾	—	—	50～60

(四)钙素化学肥料

作物的生长不仅需要多种营养元素，也需要一定的土壤环境。凡是用以改良环境条件的物质，称为间接肥料。钙素化学肥料就是这种间接肥料。

石　灰

在酸性土壤柑橘园内施用石灰主要是改良酸性土壤。因为酸性土壤中，存在着大量的氢离子，使柑橘根系生长受到障碍，更因强酸性土壤中铝的溶解度增大，活性铝对柑橘生长有很大毒害。此外,活性铝还使土壤中水溶性磷沉淀,因此造成柑橘缺磷,影响柑橘生长结果。

施石灰的另一作用是为柑橘提供钙素营养,并由于钙的拮抗作用,可消除或减弱土壤中所含有毒物质的危害。

石灰与有机肥料配合使用,是保证提高酸性土壤柑橘产量和品质的一项重要措施。如果只施石灰不配合施用有机肥料,由于钙的代换作用,使代换出来的盐基促使有机质的分解,加速了氮、磷、钾的消耗,以致土壤中养分的供应失去平衡,就会造成产量和质量的降低,还会引发各种柑橘缺素症。石灰用量的确定,是根据土壤质地、pH 值高低而定。

石膏

农业上常用的石膏有普通石膏和雪花石膏。普通石膏($CaSO_4 \cdot 2H_2O$)是直接由矿石粉碎的粉末,呈白色或灰白色,含二个结晶水,能溶于水,但溶解度不大。雪花石膏($CaSO_4 \cdot 0.5H_2O$)是由普通石膏干燥脱水制成,颜色纯白,粉粒也很细,吸湿性比普通石膏要大,吸水后即变成普通石膏。

在柑橘生产上使用石膏,是为了改善土壤性状和供给养分。例如在盐渍土柑橘园内,施用石膏是为了消除土壤碱性,另一方面是改善土壤结构。在一般中性或酸性土壤施用石膏,主要是改善土壤结构和供给钙与硫素营养。

一般在土壤 pH 值 9 以上时要施用石膏,每 667 $米^2$ 施石膏 100 千克左右。施用石膏要与深翻、灌溉结合进行,一般只施 1 次,施后第二和第三年效果日趋明显;若与栽培绿肥、施用有机肥配合进行效果更好。

（五）镁素化学肥料

镁素是柑橘营养所必需的次量元素。常用的镁肥有硫酸镁、镁石灰（氧化镁、氢氧化镁）和硝酸镁等。其中镁石灰呈碱性，适宜于酸性土壤地面撒施矫正柑橘缺镁症，如能配合灌溉效果更好。其他镁肥宜作根外追肥，叶面喷施。施用方法可参考第四章缺镁症矫治。

（六）微量元素肥料

柑橘是对微量元素营养敏感的作物之一。我国微量元素在柑橘上应用研究始于20世纪60年代初，近半个世纪以来这方面的研究进展较快。铁、锰、锌、硼、钼等主要微量元素在柑橘上使用方面已积累了较丰富的经验。

铁　肥

在柑橘缺铁矫正中应用最多的是硫酸亚铁、柠檬酸铁和EDTA-Fe等。在使用上，多用来根外追肥，一般在新叶期6月上中旬施用。也有用来根吸和注射，其中以根吸效果较好。具体方法见第四章缺铁矫治。

锰　肥

柑橘上常用的锰肥是硫酸锰（$MnSO_4$），含锰量为26%～28%，呈粉红色结晶，易溶于水。在锰肥的使用上，多采取根外追肥，土壤施肥效果不佳。具体使用方法见第四章缺锰矫治。

锌　肥

柑橘上常用的锌肥是硫酸锌（$ZnSO_4$），锌含量为24%～35%，呈白色或淡橘红色结晶，易溶于水。锌肥是柑橘生产上使用较多的微量元素之一。由于柑橘果实每年要带走一定量的锌，因此柑橘容易患缺锌症，特别是碱性或石灰性土壤栽培的柑橘，缺锌现象较为普遍，需要每年进行 1～2 次的锌肥根外追肥。具体操作见第四章缺锌矫治。

硼　肥

硼肥是柑橘生产上使用最多的一种微量元素肥料。主要有硼砂（$Na_2B_4O_7 \cdot 10H_2O$）和硼酸（H_3BO_3）两种，含硼量分别为 11.3%和 17.5%，都是白色结晶或粉末，能溶于水（最好用热水溶解）。硼肥在柑橘生产上除用来缺硼矫治外主要用来保花保果，因此，硼肥的使用量大而广。然而，盲目使用硼肥或 1 次施硼过多会引起柑橘中毒即硼过剩症。硼过剩症在柑橘生产上也时有发生，务必引起注意。硼肥的使用可参见第四章缺硼矫治。

钼　肥

钼肥对柑橘有一定增产效果。据刘铮等（1964）在黄岩橘区试验表明，不论是山地红壤、平地水稻湿土，还是江边潮土，在柑橘幼果树喷施钼肥（钼酸钠）都有不同程度的增产作用，特别是红壤柑橘园。常用的钼肥主要有两种：一种是钼酸铵〔$(NH_4)_2MoO_4$〕，含钼 50%～54%，含氮 6%左右，呈青白色或淡黄色结晶（粉末），易溶于水；另一种是钼酸钠（Na_2MoO_4），含钼 35%～39%，也易溶于水，色泽与钼酸铵相似。钼肥的具体用法参见第四章缺钼矫治。但需要提及的是钼肥不要施用过多，在掌握浓度的同时，还要掌握用量，否则会引起钼过剩，钼过剩对柑橘无明显症状，但对动物有不良影响，即牛吃了钼过剩的草料后会出现下痢、出血以至死亡等中毒症状。

铜　肥

我国常用的铜肥是硫酸铜($CuSO_4 \cdot 5H_2O$)，含铜量为25%，呈蓝色结晶，易溶于水。在我国柑橘生产上，柑橘缺铜情况少见，这可能与常用波尔多液防治病害有关，也可能与植橘土壤类型、土壤有效铜和有机质含量、土壤pH值及施肥情况等有关。因为作物缺铜多发生在有效铜低的砂质土壤，有机质含量高的泥炭土，pH值高的碱性土和石灰性土壤等。铜肥的施用方法可参见第四章缺铜症的矫治。

（七）稀土元素肥料

稀土元素是指元素周期中原子序数为57～71的15个镧系元素以及与镧系处于同一副族的钪和钇两元素。据研究，稀土元素并不是作物必需的营养元素，仅仅对作物有刺激生长作用。当前使用的稀土肥料已加入了作物必需的营养元素，例如常用的稀土肥料磷酸稀土(又称"常乐"、"农乐"、"益植素")、稀土复合微肥、硝酸稀土及EDTA络合稀土等。

从20世纪80年代起，稀土肥料开始在柑橘上应用。据宁加贲(1981)、叶妙福(1991)和陈标虎(1991)等的试验结果表明，稀土肥料对柑橘生长、叶绿素含量、增加产量和提高品质诸方面均有较好肥效。

稀土的作用效果与使用方法密切相关。据陈标虎(1993)研究，柑橘成年树喷施"常乐"稀土肥料的合适浓度是400～500毫克/千克，稀土复合微肥喷施的适宜浓度为100～300倍稀释液。1年喷施2～3次，如花期或幼果期1次，果实膨大期1次，大年树采收后可再喷1次。花期喷施浓度宜低，而采收后为冬季保叶则浓度可高。稀土肥料也可与酸性农药及微量元素配合使用，喷施时若加0.2%左右的中性洗衣粉等表面活化剂可增加肥料附着力，则肥效更好。

刘铮(1981)指出，稀土的作用效果与土壤条件也有较大关系。一般可溶态稀土在5～10毫克/千克以下的土壤，如砂页岩、花岗岩等母质发育的低丘红壤，使用稀土效果较好，缺乏有机质的贫瘠土壤上使用效果也较好。

三、复合(混)肥料

(一)化学合成复合肥

是用化学合成或化学提取分离的过程所制得的，具有固定的养分含量和比例，以及固定的化学组成，含很少其他成分的肥料。例如磷酸铵、硝酸钾和磷酸二氢钾等(表6-7)。

表6-7 主要复合肥料成分 (单位:%)

肥料名称	氮(N)	磷(P_2O_5)	钾(K_2O)
磷酸一铵	11～12	52	—
磷酸二铵	20～21	51～53	—
磷酸铵	18	46	—
磷酸二氢钾	—	22～24	27～29
偏磷酸钾	—	60	40
硫磷铵	20	20	—
硝酸钾	13～15	—	46
氮钾肥	12	—	19
硝磷钾	14	10	8
尿磷钾	19	19	19
硫磷钾	14	14	14

磷酸铵

磷酸铵是磷酸一铵（$NH_4H_2PO_4$）和磷酸二铵〔$(NH_4)_2HPO_4$〕的总称。是白色或淡黄色的颗粒或粉末。所含养分都易溶于水，是一种速效性的氮磷复合肥料。吸湿性小，存放较长时间不结块。含氮量为16％～18％，含磷量为46％～48％。目前我国生产的磷酸铵是磷酸一铵和磷酸二铵的混合物，含氮量为18％，含磷量为46％。

目前磷酸铵肥料在柑橘上直接施用较少，多作为生产多种复合（混）肥的原料。磷酸铵肥料适合于各种土壤和作物。在柑橘生产上施用也大有前途。可替代其他磷肥和氮肥，如过磷酸钙、硫酸铵和氯化铵等。

硝酸钾

又名火硝。是一种白色结晶，作肥料的常带杂质为黄色。硝酸钾易溶于水，吸湿性不大，贮存时不易结块，有良好的物理性状。含硝态氮（NO_3）13％～15％，含氧化钾45％～46％，氮钾比例为1∶3.4。所含的氮和钾都能被作物根系直接吸收利用，为速效态。硝酸钾适宜作追肥。作为柑橘夏秋季追肥，也是很好的钾素肥料。

磷酸二氢钾

磷酸二氢钾（KH_2PO_4）为白色结晶，易溶于水，水溶液呈酸性，pH值为3～4。吸湿性小，不结块，耐贮存。磷酸二氢钾是一种高含量的速效性磷钾复合肥，是柑橘生产上常用的根外追肥的好肥料。在柑橘上使用的浓度为0.2％左右，多与尿素、硼肥混合作根外追肥，一般在幼果期施用为主。

但必须注意用磷酸二氢钾作根外追肥，仅是辅助性施肥措施，不能代替地面施肥和其他磷钾肥料，否则将得不到预期增产效果。

（二）配合复合肥

是按用户的要求，用高浓度的肥料，如尿素、硫酸钾、磷酸铵等，以一定比例，经混合造粒而成。如二元复合肥、三元复合肥，均属此类。目前我国大多数的复合肥厂生产此类复合肥料。这类复合肥的养分含量和比例，可按不同要求进行配制。一般在加工过程中要加入一定量的助剂和填料，所以这类复合肥料多含有硫酸、高岭土之类的副成分。

进口复合肥

由丹麦进口的氮、磷、钾三要素总量为 45%（N，P_2O_5，K_2O 各为 15%）的复合肥料，是以硝酸铵、磷酸铵和硫酸钾为原料，经混合和造粒而成。是我国柑橘生产上使用较多的进口复合肥料。这种复合肥料养分含量高，施用量少，使用方便，效果也好，颇受橘农欢迎，但肥料价格也高。由于该复合肥料的比例并不适合我国实际情况，显然存在着磷和钾比例过高，按氮施用会造成磷钾的浪费。

国产复肥-1

是由浙江生产，氮、磷、钾三要素总量为 30%，N：P_2O_5：K_2O 为 10：9：11。以尿素、过磷酸钙、钙镁磷肥、氯化钾为原料。从所用原料和氮、磷、钾比例分析，该复合肥料适合酸性红黄壤和土壤中磷钾养分低的橘园施用。

其他国产复合（混）肥料也有类似情况，见表 6-8，表 6-9。

总的来说，这些复合肥料的磷钾比例过高，pH 值过低（酸

表 6-8　复合肥料养分含量

名称	产地	氮：磷：钾	三要素含量(%)			其他营养含量(%)				pH 值
		(N)：(P_2O_5)：(K_2O)	N	P_2O_5	K_2O	CuO	MgO	SO_2	Cl^-	
进口复肥	丹麦	15：15：15	14.80	14.73	15	7.77	0.21	4.10	0.28	5.8
国产复肥-1	浙江	10：9：11	9.96	9.31	11.26	15.15	0.98	13.71	9.75	5.4
国产复肥-2	浙江	9：8：9	9.18	8.18	8.71	14.18	0.61	14.27	22.54	4.8
国产复肥-3	浙江	10：8：8	9.88	8.08	7.65	13.79	0.28	22.72	7.54	4.5

表 6-9　柑橘专用复合(混)肥料对产量的影响　(单位：千克)

肥料名称	品种	试验地点	单产(二位数为每株,四位数为每 667 米² 的产量)					增产率(%)	掺合原料
			1	2	3	平均	对照		
浙柑 1 号	本地早	浙江黄岩	35.8	47.3	40.9	41.3	33.2	124	饼肥、骨粉
	椪柑	浙江黄岩	41.0	40.9	43.2	41.7	36.4	114	尿素、硫酸钾、普钙等
柑橘一号	温州蜜柑	浙江衢州	1242	1291	2135	1539	1458	104.8	尿素、硫酸钾
	椪柑	浙江衢州	1433	1256	2415	1695	1835	91.1	磷矿粉等
柑橘二号	温州蜜柑	浙江衢州	1860	1279	1566	1569	1723	115.5	
	椪柑	浙江衢州	2464	1658	1736	1953	2183	113.3	

性强)和氯离子含量高等缺点,并不适合柑橘上使用。

(三)混成复合肥

是以单元肥料或化学合成复合肥以及有机肥(饼肥、骨粉、鱼粉和垃圾堆肥等)为原料。通过机械粉碎,混合和造粒而成。这种复合肥料的养分含量和比例范围较宽,针对性强,含有杂质,不宜长期存放。

柑橘专用复混肥

是由浙江省农业科学院柑橘研究所俞立达等(1982)研制的有机无机复合(混)肥料。是在总结柑橘丰产园肥培管理和橘园土壤调查的基础上,应用柑橘营养诊断技术和田间及盆栽肥效试验手段,找出柑橘优质高产所必需的养分要求,并把适合柑橘施用的多种有机和无机肥料,按一定比例,经机械粉碎→拌和→造粒等工艺加工而成。产品含有机物≥40%,氮、磷、钾三要素总量≥25%(其中每一元素含量≥5%)及其他营养元素。经4年肥效试验结果表明,能增加产量14%~24%,提高果汁中固形物含量1%~2%;并能增强树势,提高土壤肥力;使树体营养水平保持在正常(适宜)范围,防止营养失调症的发生;还能延长果实贮藏期,它不仅使果实腐烂率降低,且果实品质也相对提高,深受橘农欢迎,在浙江、福建、江西、湖南、广西等地推广应用。

柑橘专用复合(混)肥的施用方法:年施肥3次(春肥2月中旬,秋肥7月中下旬,冬肥11月上旬),株产50千克左右,每次施肥量为2.5千克,年施肥量为7.5千克/株。施肥方法采取盘状和穴施相结合,施后及时覆土。遇旱时应浇水。

柑橘一号

含氮磷钾三要素总量≥40%，其三者比例为1∶1∶1。成龄树每株每次施用量为1.25千克，年施肥3次(采果肥、催芽肥、壮果促梢肥)，采用环状施肥法。

柑橘二号

含氮磷钾三要素总量≥40%，三者比例为1∶0.8∶0.6。成龄树每株每次施用量为1千克。施肥次数和施肥方法与柑橘一号相同。

柑橘一号和二号复合肥均为浙江省化工研究所研制，是根据浙江省金华和衢州柑橘产区土壤有机质少，养分贫乏、保肥性差的特点研制的柑橘专用复合肥。经大面积推广使用，增产幅度为3.5%～20.5%。糖分增加0.28%～0.4%，糖酸比提高0.54%～0.65%。

从上述两种柑橘专用复合肥肥效比较来看，柑橘一号复肥的磷钾比例较柑橘二号复肥高，但肥效不及一号，其原因不难看出，两种复合肥的掺合肥料种类(原料)相同，总含量相同，制造方法也相同，惟独氮磷钾比例不同，证明柑橘一号复合肥的比例不及二号复合肥。另与柑橘专用复混肥比较来看，柑橘一号和二号复合肥的增产率、糖酸和固形物含量均不及浙柑1号，其原因也十分清楚，浙柑1号是一种有机无机复混肥料，而柑橘一号和二号是纯化学肥料混配。说明柑橘需要有机肥料与化学肥料配合施用。

复合肥料还可根据它的使用范围，划分为通用型和专用型复合肥，通用型复合肥料的养分含量、比例和形态，是依据生产工艺流程而定。例如磷酸铵复合肥是一种属中氮高磷

($N:P_2O_5=1:2.5$)的二元复合肥料。还可加入硫酸钾或氯化钾等,配制成氮磷钾养分齐全,且比例相等的($N:P_2O_5:K_2O$ 为 1:1:1,配成 15—15—15 或 19—19—19)三元复合肥料。专用复合肥是在营养诊断的基础上,针对特定的土壤条件和作物对养分的要求,配制的复合肥料。

(四)缓释(效)复合肥

缓释(效)复合肥又称长效复合肥料。是近年开发生产的新品种。这种复合肥料的肥效缓慢而稳长,在整个作物生长期内都能源源不断地供应养分。缓释(效)复合肥也可按作物所需要的养分的比例和需要量进行配制,而且还可结合土壤、气候等特点。由于该复合肥料的各组合养分的可溶性受到控制,所以,这种复合肥料的养分不易流失,从而也提高了施肥的效益。同时,该复合肥在作物生长期内各组合的养分基本上用完,几乎没有或少量剩余在土壤中,因此,也减少了对土壤环境的污染。

根据何念祖等(1999)在浙江龙游紫泥田土温州蜜柑上试验,施用包膜尿素肥料属长效肥料,发现施用包膜肥料具有一定的增产作用,处理 1 和处理 2 均明显比常规施肥的对照增产,其增产幅度分别为 16.1%和 6.8%,以处理 1 即春季(3 月上旬)1 次施入包膜尿素肥料处理为佳,以春季(3 月上旬)和秋季 2 次施入的处理 2 为其次。在果实维生素 C、酸度及总糖量上处理与常规施肥对照无明显差别,证明施用包膜长效肥料对品质无不良影响。

各种化肥可否混合见图 6-1。

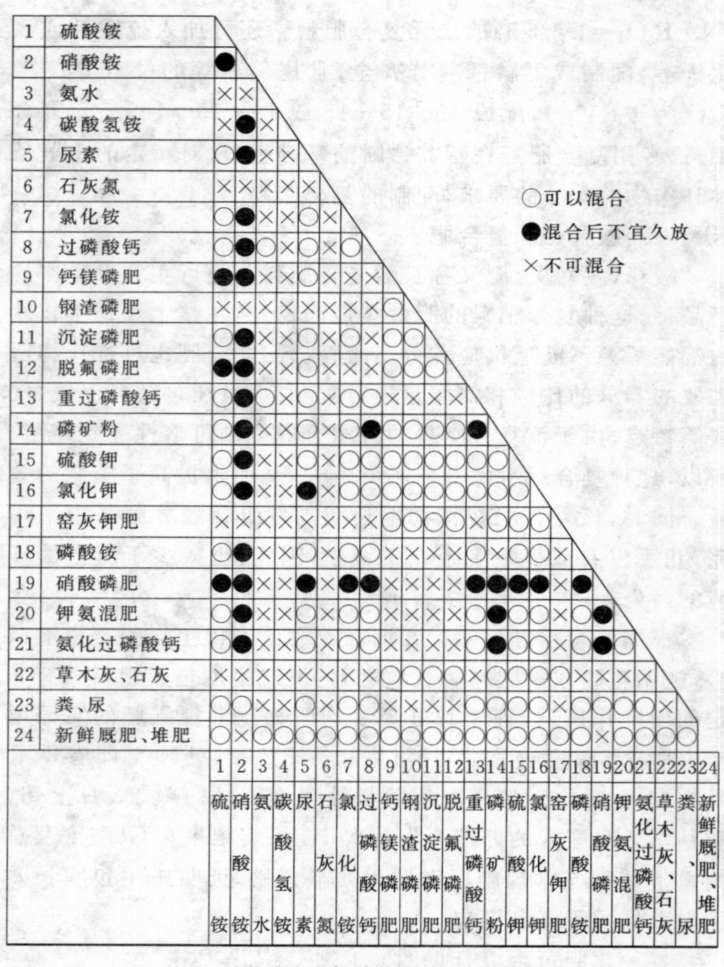

图 6-1　各种化肥可否混合图

四、生物肥料

生物肥料是利用土壤中的有益微生物制成的肥料，包括细菌肥料、抗生菌肥料及根瘤菌肥料等。土壤中有很多微生物，其中有些微生物对提高土壤肥力、改善作物营养、刺激作物生长或防治作物病害有特殊作用。选育和繁殖这些有益微生物，制成菌剂或肥料，施入作物根际土壤中，通过它们的生命活动，产生维生素、生长素和抗生素等生物活性物质，来改善土壤环境条件，提高土壤肥力，抑制有害微生物的活动，从而提高作物产量和品质。所以，生物肥料的性质不同于其他肥料，它本身并不含有营养元素，因此，生物肥料必须配合有机肥料和化学肥料一起施用，才能充分发挥其作用。

根瘤菌肥料

根瘤菌肥料是含有大量根瘤菌的生物肥料。这种细菌的特点是进入到豆科作物根内时，即形成根瘤。每个根瘤的根瘤菌能固定大气中的氮素，丰富豆科作物的氮素营养，豆科作物则供给根瘤菌碳水化合物。这就是根瘤菌和豆科作物的共生作用。据统计，在大豆生长期间，由于根瘤菌的活动，每 667 米^2 土地大约能从空气中固定 10 千克的氮素。如果在柑橘园中间作套种豆科绿肥，使用根瘤菌肥料，那么就能通过豆科绿肥根瘤菌的固氮作用，提高柑橘园土壤中的氮素营养水平，从而也为柑橘生长提供了氮（表 6-10）。

使用根瘤菌肥料，除应注意菌剂质量（含有效根瘤菌数）外，还应注意土壤环境条件和与各项农业技术措施的配套。因为根瘤菌肥料是一种生物肥料，其中所含的活菌对环境条件

表 6-10 各种根瘤菌及其相应共生的豆科植物

根瘤菌名称	相应共生的豆科植物
豇豆根瘤菌	花生、豇豆、绿豆、赤豆、田菁、柽麻等
大豆根瘤菌	大豆、黑豆、青豆
苜蓿根瘤菌	紫花苜蓿、黄花苜蓿、草木犀等
豌豆根瘤菌	豌豆、蚕豆、苕子、箭筈豌豆等
紫云英根瘤菌	紫云英
菜豆根瘤菌	菜豆、四季豆
三叶草根瘤菌	三叶草

有一定要求。通常根瘤菌在有机质和磷、钾元素丰富的土壤中肥效较好。根瘤菌喜中性土壤环境和水分充足而通气性好的土壤条件。并需要适当地施入有机肥料和磷、钾肥料，酸性土壤应施石灰调节酸度，豆科作物在未形成根瘤前的幼苗期适当追施氮肥等，以发挥根瘤菌的最大作用。

根瘤菌肥料的使用方法：最好是作豆科绿肥的拌种剂。具体操作是先将菌剂加少量清水搅拌成悬浮液，然后拌和到种子上，使根瘤菌附着在种子表面，再播入土壤中。根瘤菌肥料的用量每 667 米^2 约为 5 克。最好是把菌肥与其他肥料（有机肥、磷肥和钾肥）混合，制成颗粒肥料与种子一起播入土中。拌和根瘤菌肥料时，要在遮荫地方进行，防止阳光直射杀死根瘤菌。

固氮菌肥料

固氮菌肥料是指含好气性的自生固氮菌培养物的细菌肥料。固氮菌也能固定大气中的氮素，但它与根瘤菌不同，它不侵入根内形成根瘤与作物共生，而是生存在土壤中。一般每 667 米^2 的土地通过固氮菌的活动，每年能固定氮素 1～3 千克。固氮菌是不生芽胞的好气性和喜湿性细菌，其特征是在无氮的固体培养基或土面上形成白色糊状圆形凸起菌落，之后就变成棕色或棕褐色，这是鉴别固氮菌的重要标志。

固氮菌肥料的效果受土壤环境条件影响较大，它要求通气性好、水分充足、有机质丰富和有足够水溶性磷及中性或微碱性的土壤环境。固氮菌肥料适用于各种作物。施用量一般每 667 米^2 菌剂 0.5 千克左右。施用方法：可拌种作种肥，也可与有机肥和磷肥制成颗粒肥料一起施用。如作追肥，应将该菌肥撒在根部附近，撒后须及时覆土。

解磷细菌肥料

解磷细菌肥料是由能强烈分解有机磷化合物的磷细菌制成的生物肥料。由于磷细菌的作用，使土壤中含磷有机物质矿质化，从而使原来作物不能吸收的有机态磷化合物转化成可吸收态磷，改善了作物磷素营养和提高了土壤肥力。

解磷细菌肥料可以作种肥，也可作追肥用。作种肥用的方法与其他菌肥相同。作追肥时，一方面要检查菌肥的质量（细菌的活性和数量），另一方面要与其他农业技术措施结合进行。因为磷细菌需要有机质丰富的、中性或微碱性反应的，及水分充足和通气性好的土壤条件。所以，当土壤中有机质缺乏，土壤干旱或呈酸性反应，则必须增施有机肥料，进行灌溉和施用石灰，才能使磷细菌充分发挥作用。

抗生菌肥料

微生物中凡能分泌一种物质，具有抑制或杀死其他种微生物性能的菌均称为抗生菌。“5406”抗生菌肥料是由拮抗性微生物（放线菌）所制成的生物肥料。它具有生产技术简易、成本低、增产效果稳定，对作物无副作用等优点。

现以“5406”抗生菌肥料为例作一介绍。

“5406”抗生菌是一种好气菌。通气良好，有利菌的生长发育。因此，堆制菌肥时，不宜加水过多或压实。

具体做法：将厂制的“5406”抗生饼土母剂 1～2.5 千克（母剂的接种量为 1%左右），先与经粉碎过筛的饼粉拌匀，再按饼土比 1∶9 加入肥土（饼土总量为 100～250 千克）再次拌匀，边加水边拌和，使饼土湿度达到“手捏成团，落地能散”的程度（含水量 25%左右），弄松饼土后堆放在干燥清洁地方，进行疏松堆置。堆后第二天堆温可达 40～50℃，第三天即开始下降。3～5 天即可施用。如经发酵后的饼土呈粉白色而带冰片味，又无绿霉，即堆制成功。

“5406”抗生菌肥的施用方法：“5406”抗生菌肥可作基肥、追肥，也可浸种、拌种、蘸根及盖封肥。在柑橘生产上一般在春季施用，每株施饼肥 10～20 千克。试验表明，施用这种菌肥后，不仅饼肥的肥效提高，而且土壤和叶片中氮、磷、钾养分的含量也有不同程度的增加。四川省永川县新胜茶场在柑橙园内 4 月和 6 月两次施用“5406”堆制的菌肥，其结果表明，比单施饼肥的甜橙提高座果率，增加单果重，取得明显的增产效果。在 20 世纪 70 年代，“5406”抗生菌肥曾在我国浙江、四川、江西、湖南、福建等柑橘产区广泛推广使用，收到了较好效果。当年黄岩柑橘获得创历史大丰收。

近年河北省科学院研制的生物钾肥，是一种草炭固体菌剂，能活化土壤中的磷、钾元素。施用该菌肥后，植株生长加速，果实产量和品质提高。另外，增产菌、复合菌肥等也具有保果、促进果实膨大等作用，还能使叶片增厚，叶色增浓。

科学家们曾预言，21 世纪是生物的世纪，生物肥料的研究推广也势在必行。我国有不少科学工作者将在这方面作出努力，开发生物肥料新的产品。

第七章 特殊施肥技术

特殊施肥技术是指在特定条件下的施肥方法。由于橘、柑、橙、柚在全生长过程中树体营养受着外界环境因素的多种（包括施肥）影响，从而引起树体营养失调，生殖生长和营养生长混乱，造成树势衰退、结果不稳、产量低、品质差等现象。为了矫正这些不正常现象，采取施肥、修剪、更新、改土、土壤管理和使用生长调节剂等技术措施。生产实践证明，施肥是矫正这些不正常现象的根本性措施。采取修剪、更新、环割等，也必须有施肥作基础，才能收到预期效果。

一、大小年结果树的施肥

柑橘大小年结果现象较为普遍。研究阐明，造成大小年的原因与树体营养状况有关。刘星辉研究指出，1 月的叶片含氮量与当年产量有显著或极显著相关性，而 9 月的叶片含氮量与翌年的产量无显著相关性。从而说明了采收前后施用的采果肥中氮肥十分重要，对恢复树势、提高叶片含氮量和翌年产量有着直接关系。

同时，刘星辉对山地红壤柑橘研究指出，如果 9 月和翌年 1 月叶片中镁含量低，也会影响翌年和当年产量，并达到十分显著的程度。所以，在春季和秋季施肥中，施用适量镁肥也是必要的，特别是酸性红壤柑橘园，容易缺镁，施用镁肥可以保证 9 月和翌年 1 月叶片中有足量的镁。

(一)结果大年树的施肥

对当年结果大年树应在施足肥料的基础上，通过修剪和疏花疏果措施控制结果量，不要使树体负担过重而引起早衰。中国农科院柑橘研究所，通过全国柑橘高产园的调查，根据我国实际情况，提出了柑橘每 667 米^2 2 500 千克产量的参考施肥量，见表 7-1。

表 7-1 柑橘每 667 米^2 产 2500 千克的施肥量 (单位：千克)

元素与肥料	方案一	方案二	方案三
全　氮(N)	—	22.5～27.5	—
磷酸(P_2O_5)	—	12.5～17.5	—
氧化钾(K_2O)	—	22.5～27.5	—
猪牛粪尿、绿肥	4000～5000	7500～9000	2000～2500
菜籽饼	275～375	475～600	112.5～187.5
棉籽饼	365～500	650～800	182.5～250
尿　素	25～35		40～50
过磷酸钙或骨粉	25～35	12.5～15	40～50
氯化钾	37.5～45	30～40	40～50
草木灰	375～450	300～400	400～500

说明：①猪牛粪尿和绿肥的肥分含量以 6 折计，指原粪尿与盛花期的豆科绿肥。②有机肥充足的地方，可用方案二，减少化肥用量；有机肥缺乏的地方，可参照方案三，增加化肥用量。有机肥如果是猪牛粪尿，方案一的钾肥用量可减半，方案二中的钾肥可以不用。③红壤柑橘园每年要施过磷酸钙与氯化钾，并使用石灰调节 pH 值至 6.5。④需肥多的品种，如夏橙、脐橙、蕉柑、椪柑、柚等。应适当增加施肥量；需肥少的品种，如温州蜜柑、红橘、福橘、金柑等，可以适当减少施肥量。⑤平地柑橘园，有条件的应挑培河塘泥等，可适当减少有机肥的施用量

如果施用柑橘专用(有机-无机)复混肥料，那么，株产 50 千克树，株施 2.5 千克/次，年施 3 次，每株年施 7.5 千克。

(二)结果小年树的施肥

小年树结果少，肥料可以适当少施，但不能不施。在春季

施肥的基础上，施好稳果肥，即夏肥。因为第二次落果常与树体营养水平有关。此时，又是柑橘第一次发根高峰，并且地温急剧上升，根系对养分的吸收能力大大增强。此时施用速效氮肥和速效钾肥，能明显地提高座果率和促使果实膨大。

当遇雨水较多或不宜地面施肥时，可抢晴天进行根外追肥。一般用0.5%尿素和0.2%磷酸二氢钾水溶液喷施叶面。对缺硼或硼不足的柑橘园，可将上述喷施的肥料调整为0.2%尿素加0.2%磷酸二氢钾加0.2%硼砂水溶液喷施叶面，连喷2～3次(每次相隔5～7天)，均能收到较好效果。

除此之外，对容易抽发夏梢或晚秋梢的品种，要适当控制施肥量，春季和秋季施肥量可比结果大年树减少1/3至1/2。但为促进花芽分化，确保翌年开花结果，冬季采果肥中氮肥和镁肥要保持一定数量。最好以叶分析为依据，或以春梢发生量的多少而定，多则多施，少则少施为原则。对气温较低的北亚热带地区，采果肥应适当提早施用。

二、衰老树和更新树的施肥

柑橘寿命可长达百年有余。但有的柑橘树仅几十年就趋向衰老，其中一部分是由于受自然灾害或病虫为害所致，绝大部分是由于吸肥障碍或树体营养状况恶化造成。因为一株橘树几十年生长在同块土地上，如果管理不善，单施化学肥料，并以氮肥为主，很少施用有机肥料，土壤就会变得紧实。并趋向酸性，土壤中有效养分也趋向贫乏，每年橘树抽梢开花和结果消耗的养分与根系所吸收的养分失去平衡，这样不要多久橘树生长就会受到抑制，从而出现未老先衰的“小老树”。在这种情况下，柑橘施肥就要从改土着手，采取局部轮换深翻深施有机肥料和焦泥灰，以改良根际土壤和促使新根发生。此时，地面施肥要采取薄肥勤施，可用人畜粪尿或沼气发酵液等腐熟的速效有机肥料，也可用0.5%尿素和2%过磷酸钙浸出液，并用0.2%磷酸二氢钾水溶液根外追肥。酸性红壤柑橘园增施磷肥能有效地促使新根发生。

当橘树根系得到更新以后，即可进行更新枝梢。总之，对衰老树更新复壮，要以施肥为基础，在计划进行树冠更新前1～2年，应先深施腐熟猪牛栏肥、生活垃圾及焦泥灰等有机肥料，并增施化学钾肥，促使根系生长，抽发新根，然后更新树冠，才能收到预期效果。

三、受灾树的施肥

柑橘遭冻害、旱害、水害和台风危害后，应以保护根系为中心，采取各种抢救措施，其中科学合理施肥，是促使灾害树根系恢复正常生长的主要技术措施。

（一）冻害树的施肥

柑橘遭受冻害时，由于品种和个体差异及防冻措施不同，柑橘遭冻程度有重有轻，采取施肥措施时，应分别对待。对轻度冻害树，只有部分叶片枯焦和少量枝梢枯死的，除春季提前施用热性腐熟有机肥料外，还可进行0.3%～0.5%尿素水溶液根外追肥。对冻害较重的树，即大部分叶片脱落、部分分枝冻死的根外追肥效果甚微，主要是通过土壤施肥和覆盖，提高土温，促进根系对养分的吸收，促使春梢抽发，恢复树冠。

（二）旱害树的施肥

为提高柑橘抗旱能力，主要应使柑橘根系生长良好，达到根深叶茂。因此，平时要深施有机肥料，引根入深，间作套种绿肥或橘园植草，增加地面覆盖度。干旱来临时，除灌水、浇水抗旱外，还应进行根外追肥，增加叶片养分吸收，弥补根系对养分吸收的不足，调节橘园湿度。在浇水时加少量人粪尿或尿素，有利于根系对养分的吸收，增强树体抗旱能力。

四、设施栽培树的施肥

设施栽培施肥与一般的露地栽培有其不同的特点。试验表明，不同施肥方法，对产量和果实品质的影响虽无显著性差异，但对叶片中氮、磷、钾的含量却有显著性的影响。主要是对9月下旬和11月初的氮含量，11月初的磷含量和9月下旬的钾含量，不同施肥方法差异显著。另外，是对1月下旬和5月中旬的叶色也有极显著性和显著性的影响。其结果表明，以夏肥为重点的施肥方法为好，其施肥量比标准施肥量低，而叶养分含量反比标准施肥量等处理的高。

施肥量方面，增加氮肥施用量（1倍量）会使果实中糖度和柠檬酸含量显著地降低，而对产量、果数和平均果重无显著性差异。对叶片9月下旬氮含量、11月初的磷含量及1月下旬和5月中旬的叶色有极显著或显著影响。主要表现为叶片中氮和磷的含量增加，叶色增浓。

在容重小的土壤上种植的柑橘，其叶片中氮和磷的含量显著地比容重大的高。

上述试验结果证明，施肥方法应以夏肥为重点，施肥量以低于基准量（氮为9～23克/株）为宜。

箱式栽培施用的肥料以有机肥料为主，配施化学肥料。1年施肥少则3次，多则7次（移植当年），施肥量按树龄确定，以秋冬基肥为主，施氮量均低于标准施氮量。表7-2日本设施栽培的资料(由徐建国提供)可供参考。

表 7-2 温州蜜柑箱式栽培的施肥实例

树龄	施肥期(日/月)	肥料种类	施肥量(克)	三要素养分含量(克)			备注
				氮	磷	钾	
三年生	1984 年 2、3 月	腐熟堆肥	5000	42.50	27.50	11.50	半成品
	12/5	春季配合复肥	15	0.75	1.35	0.90	
	29/7	硫酸铵	10	2.00	0	0	
	11/9	化成复合肥	15	2.10	1.20	1.20	未结果树
	30/9	配合复合肥	10	0.80	0.30	0.60	
	3/11	配合复合肥	10	0.80	0.30	0.60	
	12/12	化成复合肥	13	1.95	1.95	1.50	
	年合计			48.8	31.4	15.1	标准量氮 20 克
四年生	1985 年 17/2	春季配合复肥	60	5.4	1.8	2.4	
	15/4	春季配合复肥	60	4.8	3.0	1.8	
	12/5	春季配合复肥	60	4.8	3.0	1.8	
	13/11	秋季配合复肥	60	5.4	2.4	3.6	
	年合计			20.4	10.2	9.6	标准量氮 30 克
五年生	1986 年 11/2	配合复肥	60	5.6	3.2	3.2	
	17/3	配合复肥	120	6.4	4.0	2.4	
	6 月	硫酸铵	85	1.7	0	0	
	11 月	配合复肥	100	6.0	4.0	4.0	
	年合计			19.7	11.2	9.6	标准量氮 45 克
六年生	1987 年 2 月中	配合复肥	50	4.0	2.5	1.5	
	6 月中	硫酸铵	20	4.0	0	0	
	11 月下	化成复肥	50	5.6	1.6	1.6	
	年合计			13.6	4.1	3.1	标准量氮 60 克
七年生	1988 年 2 月中	油菜饼肥	350	5.5	2.6	1.4	
	4 月中	硫酸铵	53	10.5	0	0	
	6 月中	硫酸铵	53	10.5	0	0	
	8 月下	化成复合肥	50	4.0	2.5	2.5	
	11 月中	油菜饼肥	350	5.5	2.6	1.4	
	年合计			36.0	7.7	5.3	标准量氮 68 克

注:配合复肥一般是用饼肥、骨粉、鱼粉和少量化学肥料配制而成

由于设施栽培中土壤容重有限，土壤中养分容易累积，特别是硝态氮含量高时电导值(EC)有提高趋势。每次化学肥料的施用量(以温州蜜柑为例)，以每株树总养分量不超过15克为宜，以防1次施肥过多烧伤根系。其他如石灰、氧化镁或微量元素等的补给，应根据叶和土壤分析结果及土壤容重决定补给量。

五、生草法柑橘园的施肥

所谓生草法是指在柑橘园的行间空地上生长杂草或有计划地播种豆科绿肥。平常不锄草，使草覆盖地面，然后割草或用除草剂杀草的一种管理方法。随着省力栽培法的推行和实施，生草法已成为柑橘园管理中的一项新的栽培措施。

由于柑橘园种草或保留杂草能提供绿肥、提高土壤有机质和养分，具有改良和培育土壤及促进柑橘生长的作用。因此，生草柑橘园的施肥，多采取“以磷增氮”和“以菌增氮”的方法。就是说对绿肥增施磷肥，对豆科绿肥接种根瘤菌，促进绿肥的生长，提高绿肥产量。然后进行深翻压青，达到“以园养园”之目的。

由此可见，实行生草法柑橘园的施肥，可根据叶和土壤分析结果和目标产量的要求，制订施肥方案，只需补充一些无机营养元素，减少化学肥料的施用量，甚至可不用尿素等化学氮肥。

六、盆栽柑橘的施肥

据刘正轮试验，盆栽柑橘移植第二年每667米^{2}的产量可达 500 多千克，3 年以后可达 1 000 千克。

盆栽柑橘以施用有机肥料饼肥、鸡粪为主，配合施用尿素氮肥，全年总施肥量为每盆施饼肥、鸡粪各 250 克，尿素 75 克。如柑橘尚未结果，可用上述量的一半，磷肥和钾肥可以少施，以追施氮肥促发抽枝为主。施肥应根据促控枝梢的需要和果实的生育规律，分阶段进行。盆栽头 3 年，施肥应重在前期和后期，生长中期不追肥，采果以后少施肥。这种间断性的施肥方法，有利柑橘生长和结果。

植株生长前期从 3 月上旬至 5 月上旬，每 15 天左右施肥 1 次，共施 5～6 次，以促发春梢生长。生长中期从 5 月中旬至 7 月中旬，可不施肥，以减少早夏梢的抽生数量。如结果过多，叶色变淡，表现缺肥时，可喷施 0.3％尿素水溶液。生长后期从 7 月下旬至 10 月上旬，是需肥最多的时期，可每 15 天左右施肥 1 次，共施 5～6 次，促使抽发整齐、健壮、成熟的晚夏梢和早秋梢，使果实迅速膨大，其中第一次追肥应在放梢前 5～7 天施入。采果后的 11 月和 12 月，每月各施 1 次有机肥，以恢复树势，促进花芽分化，此期追肥次数不可过多，液肥浓度也不可过大，否则易导致烂根而落叶。

施肥方法应对水后浇施，各种有机肥均对水稀释 5～6 倍，化肥按 500 倍稀释，搅拌溶解后施入盆土中。施肥时间以上午 10 时以前、下午 4 时以后为好，切忌在土温高的中午施肥。盆土干燥时，施肥前应灌浇少量水湿润盆土后再施肥。盆土过湿而柑橘又缺肥时，可提高肥液浓度，约比正常的施用浓度高 1 倍左右。盆栽柑橘的施肥方法见表 7-3。

表 7-3 盆栽柑橘的施肥方法

品 种	施肥时期	施肥方法	株年施肥量(克)
金柑、橙类、宽皮柑橘	3月上旬至5月上旬	每15天左右浇施1次,共5～6次。有机肥对水稀释5～6倍,尿素用500倍液	饼肥250克,鸡粪250克,尿素75克
	5月中旬至7月中旬	基本上不施肥,缺肥时用0.3%尿素液喷施	未结果树减半施用
	7月下旬至10月上旬	第一次在放梢前5～7天施,以后每15天左右施1次,共5～6次。有机肥对水5～6倍浇施,尿素用500倍液喷施	
	11月至12月	每月施1次有机肥,对水5～6倍浇施	

(引自刘正轮著《盆栽柑橘》)

七、省力栽培柑橘园的施肥

柑橘省力栽培,是为减少使用劳力而提出来的,通过机械化、化学化的方法,减少柑橘栽培中的劳动力和劳动强度。

此法在施肥上是改1年3次施肥为1次施肥,改人工施肥为机械施肥,改施用普通速效复合肥料为缓释(效)复合肥和柑橘专用复合肥。改清耕生草栽培,尽可能节约劳力,提高肥效,降低成本,增加效益。

何念祖(1999)施用包膜尿素肥料试验结果表明,柑橘1年1次(3月上旬,即春肥)施用,比1年分2次(3月上旬和7月上旬)施用为优,比1年3次(3月上旬、5月上旬和7月上旬)的常规施肥增产幅度更高〔详见第六章缓释(效)肥料介绍〕。由此说明,柑橘1年1次的施肥方法是可行的。同时,随着生草法的实施和喷滴灌设施的安装，为柑橘园化学和机械化施肥创造了条件。

第八章　柑橘优质高产园施肥实例

由于各地的土壤肥力、气候条件、肥料种类、施肥方法及柑橘品种等不同，实际施肥量与理论施肥量存在着一定的差异。即使是同一品种、相同产量，各地的施肥量也会有差异。总的来说，各地丰产园的施肥量与国外施肥量相比都偏高，这可能与缺乏科学的营养诊断手段指导施肥有关。到目前为止，极大部分丰产园的施肥还停留在经验施肥水平上。因此，本书收集的各地柑橘丰产园施肥实例，仅提供读者参考。期望在此基础上，通过营养诊断手段和配方、平衡施肥技术的应用，把我国柑橘施肥技术提高到一个新的水平。

一、温州蜜柑

温州蜜柑又称无核蜜柑、无核橘，原产我国，品系多，抗寒性强，适应性广，是我国目前栽培最广、最多的品种。

（一）曹埭村温州蜜柑株产 63.1 千克的施肥方法

位于浙江温州市郭溪乡曹埭村山脚，土壤为砂质砾石土。1966 年栽植山田系温州蜜柑，每 667 米^2 栽 80 株，1979～1983 年（14～18 年生树）连续 5 年平均年产量 5 048 千克，株产 63.1 千克。

施肥特点：①施大量的有机质肥料，每年每 667 米^2 施菜籽饼肥 225～250 千克，猪牛栏肥 2 500～3 000 千克，人粪尿

5 000～6 000 千克，垃圾肥 6 000～7 500 千克，及少量焦泥灰、阴沟泥等土杂肥，而化肥施用较少，仅施尿素 80 千克左右。②各次施肥情况是，重施采后越冬肥，即于 11 月份施采果肥，株施尿素 0.25 千克，人粪尿 12～15 千克；12 月施越冬肥，株施尿素 0.25 千克，人粪尿 20～25 千克，猪牛栏肥 30～40 千克，菜籽饼 3 千克左右，垃圾 75～95 千克，草皮泥 150 千克。叶面喷施催芽保果肥，即看树势进行根外追肥，喷 0.3％尿素溶液。在第一次生理落果期喷 0.2％硼砂和 0.3％磷酸二氢钾 1～2 次，用以保果。夏季以抹芽控梢为主，看树势进行根外追肥，3～7 月份，结合防治病虫喷药，每隔 10 天左右喷 1 次 0.3％尿素溶液。秋肥分 3 次施，即于 7 月中旬、9 月初、9 月下旬，每次株施尿素 0.15 千克，人粪尿 10～15 千克。全年地面施肥 5 次，叶面喷肥 9～12 次。

他们的经验说明，对保肥保水能力差而通气性好的砂质砾石土柑橘园，地面根部施肥宜以有机质肥料为主，速效肥应采取少量多次的叶面喷施。

(二)毛家埠村温州蜜柑每公顷年产 84 915 千克的施肥方法

柑橘园位于湖南祁阳县杨桥坝乡毛家埠村湘江河畔，土壤为冲积砂壤土。于 1970 年定植枳砧尾张温州蜜柑 1 公顷，株行距 4 米×3.5 米，1980～1984 年连续 5 年平均产量达 84 915千克。

施肥特点：该园全年施肥 3 次。①早施春肥促梢提高花质。于 3 月初采用开沟撒施法，每株施人粪尿 25 千克，尿素 0.15 千克，复合肥 0.15 千克。②施足秋肥壮果壮梢，促花芽形成。于 8 月中旬，开穴深施，株施人粪尿 50 千克，尿素 0.15 千克，复合肥 0.2 千克，土杂肥 100 千克。③重施冬肥恢复树势。于 11 月初翻园埋肥，株施人粪尿 75 千克，畜栏肥 100 千克，菜籽饼 2.5 千克，复合肥 0.25 千克，塘泥 100 千克。此外，于 5 月中下旬喷布磷酸二氢钾 1～3 次，于 7 月份结合抗旱施稀薄化肥，每株施尿素 0.25 千克，过磷酸钙 1 千克，氯化钾 0.5 千克。全年每 667 米^2 施人粪尿 7 200 千克，畜栏肥 4 800 千克，菜籽饼 120 千克，土杂肥 4 800 千克，塘泥 4 800 千克，尿素 26.4 千克，复合肥 28.8 千克，过磷酸钙 48 千克，氯化钾 24 千克。

他们的经验说明，在湖南祁阳的气候条件下，宜重施冬肥(采后 11 月初)，以冲积物为母质的砂壤土柑橘园土壤施肥，也应以有机肥料为主，搭配化肥，并结合叶面喷施速效性化肥。

(三)十二坝橘场株产 56.8 千克的施肥方法

位于浙江淳安县南赋乡十二坝橘场，山地红壤橘园 12.954 公顷，每 667 米^2 栽 113 株，1989 年(10 年生树)平均每 667 米^2 产 6 418.4 千克，株产 56.8 千克。

施肥特点：全年株施肥料为人粪尿、猪牛栏粪等有机肥 50 千克，尿素 2～2.5 千克，过磷酸钙 1.5～2 千克，饼肥 1～2 千克，草木灰 1～2 千克。其中冬肥占 50%～60%，结合深翻进行沟施，春肥占 15%～25%，其余在夏、秋季施，化肥一般采用液施。全年施肥不少于 4 次。根外追肥结合病虫防治，喷尿素和磷酸二氢钾，每年 8～10 次。此外，7 月份每株覆草 30～50 千克，采果后 50 千克。既抗旱防冻，又为橘园增加了有机质。

他们的经验说明，山地红壤柑橘园，在密植的基础上，采取深翻深施有机肥料，结合根外追肥，也能获得高产。

（四）临海市滨海橘园株产53.9千克的施肥方法

位于浙江临海市滨海的盐渍土柑橘园，品种为中晚熟温州蜜柑，面积18.2公顷，每667米^{2}栽60株，自1977～1981年（12～17年生树）连续5年平均667米^{2}产量为3 232千克。

施肥特点：由于这些橘园地处滨海，碱性重，pH值在7～9之间，所以十分重视土壤改良，每年施用大量农家有机肥，如厩肥、饼肥、绿肥、人粪等，可占总施肥量的40%～65%，同时推行橘园三深（深耕、深翻、深施）的改土经验。历年施肥量平均667米^{2}施纯氮（N）54.9～105.4千克，磷（P_2O_5）24.6～70.0千克，钾（K_2O）23.8～53.3千克。经比较后，认为667米^{2}施纯氮54～90千克较为合理。

他们的经验说明，土质粘重、pH值高的盐渍土柑橘园，应采取以深翻深施改土为中心，以有机肥料为主的施肥措施。

（五）黄头街村温州蜜柑株产45.6千克的施肥方法

浙江衢州市汪村乡黄头街村，于1968年秋在砂质壤土上，种植温州蜜柑8.634公顷，每667米^{2}栽60株，从1974～1981年（6～13年生树）连续8年平均667米^{2}产量为2 736千克。

施肥特点：肥料种类以饼肥、人粪尿、稻麦秆、猪牛栏粪等有机肥为主，配合施用尿素、复合肥、氯化钾、过磷酸钙等化肥。施肥量经换算，每年株施纯氮（N）0.57～1.27千克，磷（P_2O_5）0.31～0.56千克，钾（K_2O）0.21～0.86千克。采果肥占35%～50%，秋肥占20%～35%，春肥占15%左右，稳果肥占5%～15%。

（六）黄岩头陀山站温州蜜橘园株产46.7千克的施肥方法

浙江省农业科学院柑橘研究所黄岩头陀山站温州蜜柑

园，土壤为红壤，每667米^{2}栽42株，每667米^{2}产量为2 000千克左右。全年单株施人粪尿50千克，尿素0.5千克，厩肥或堆肥25千克（或饼肥2.5千克），绿肥压青25千克，钙镁磷肥或过磷酸钙0.5千克，草木灰0.5千克。全年施肥量分配是：冬肥占35%～40%，春肥占20%～25%，花蕾期稳果肥与果实膨大肥各占20%左右。

为了便于比较，将上述各丰产园施肥量换算成氮、磷、钾的用量，列于表8-1。从表8-1中可见，温州蜜柑实际施肥量，每667米^{2}产5 000千克左右的园，N为140.2千克，P_2O_5为54.5千克，K_2O为72.3千克左右，N：P_2O_5：K_2O为1：0.39：0.52；每667米^{2}产量3 000千克左右的园，N为67.6千克，P_2O_5为36.7千克，K_2O为40.1千克，N：P_2O_5：K_2O为1：0.54：0.59；每667米^{2}产量2 000千克左右的园，N为29.6千克，P_2O_5为14.3千克，K_2O为18.7千克，N：P_2O_5：K_2O为1：0.48：0.63。每667米^{2}产量2 000～3 000千克园的实际施肥量与国内各地推荐的施肥量差异不大，但比日本的施肥量要高1倍左右。

据王铁诚对宫川和尾张温州蜜柑的叶片营养与施肥研究后认为，红壤山地的成龄树以667米^{2}施纯氮25～30千克，磷（P_2O_5）10千克左右，钾（K_2O）10～15千克较为适宜。据洪一舟对红壤柑橘大面积高产稳产模式栽培试验后认为，在每667米^{2}施N43.5千克，P_2O_5 21.7千克，K_2O 34.8千克，N：P_2O_5：K_2O为1：0.5：0.8的情况下，可获得2 000～3 000千克的产量。邓祖耀等对氮、磷、钾化肥不同施用比例试验后获得红壤温州蜜柑园，以N：P_2O_5：K_2O为1：0.5：0.75时，产量和果实品质最佳。

以上说明，我国温州蜜柑园实际施肥量除用氮量偏高外，三要素比例也不合理，特别是钾的比例过低。因此认为，667 米[2]产量 2 500 千克左右的橘园，一般全年施肥量 N 为 30～40 千克，P_2O_5 为 15～20 千克，K_2O 为 24～32 千克，N：P_2O_5：K_2O 调整为 1：0.5：0.8 左右较为适宜。

表 8-1 部分地区温州蜜柑实际施肥量与推荐施肥量

（单位：千克/667 米²）

地　区	品　种	树　龄（年）	土　壤	全年施肥量 N	全年施肥量 P_2O_5	全年施肥量 K_2O	产量
实际施肥量							
浙江温州	山田温州	14～18	黄壤石砾	129.2	38.4	67.6	5048
湖南祁阳	尾张温州	11～15	冲积砂壤	132.6	70.4	107.5	5661
浙江淳安	中、晚熟温州	10	红　壤	158.7	54.7	41.7	6418
浙江临海	中、晚熟温州	12～17	盐 碱 土	80.2	47.3	48.1	3232
江西全南	尾张温州	8～14	麻砂泥土	23.5	16.0	19.0	2117
浙江衢州	中、晚熟温州	6～13	砂　壤	55.2	26.1	32.1	2736
浙江黄岩	中、晚熟温州	10～30	红　壤	35.7	12.6	18.4	2000
推荐施肥量							
浙　江	温州蜜柑	成龄树	—	58	28	35	3000
湖南、湖北	温州蜜柑	成龄树	—	23.9	15.1	18.8	2000
四　川	早熟温州	成龄树	—	27	20	22	1750
日　本	早熟温州	成龄树	—	13.6	8.2	8.7	2667
日　本	中、晚熟温州	成龄树	—	15.8	9.5	10.1	2667

注：日本国施肥量系爱媛、静冈、和歌山、熊本、广岛、佐贺等 6 个县的平均值

二、椪柑、蕉柑

椪柑又称汕头蜜橘、芦柑。原产我国，喜热耐寒，适应性广，是我国柑橘十大良种之一。在福建南部、广东汕头、广西灵山及浙江衢州等地都有大面积栽培。

蕉柑又称桶柑。原产广东汕头，喜温暖，主要栽培于我国南方热量较丰富的广东、广西、福建、台湾等地。施肥可参考椪柑进行。

（一）杨村椪柑园株产 65.9 千克的施肥方法

广东杨村柑橘场十二岭分场椪柑园，每 667 米^2 栽 50 株，10 年生树 667 米^2 产量为 3 293 千克。全年株施花生饼 4.5 千克，尿素 1.3 千克，硝酸铵 0.3 千克，骨粉 3.5 千克，硫酸钾 0.25 千克，石灰 0.15 千克。

（二）严家圩村椪柑园株产 70～75 千克的施肥方法

浙江衢州市郊严家圩村 10 年生以上的枳砧椪柑园，连续 3 年平均 667 米^2 产 5 019 千克，株产 70～75 千克。全年每株施肥量是：人粪尿"一开三"（即冲水 2 倍）150～200 千克，尿素 1 千克，碳酸铵和过磷酸钙各 1 千克，钾肥 0.5 千克，菜籽饼 5 千克，草木灰 5～7.5 千克，猪牛栏粪、垃圾各 50 千克或塘泥 150 千克。折合株施纯氮 1.77 千克，磷 0.66 千克，钾 1.36 千克。其中采果防冻保暖肥分采果前和大寒前 2 次施，占全年总用量的 45.2%～68%；春季发芽肥于 2 月下旬至 3 月上旬施，占 15%左右；第一次壮果肥在小暑前后施下，占 16.4%～31.7%，第二次壮果肥视结果量多少与秋梢抽生状况，于 9 月中旬至 10 月上旬施，占 5%左右。

（三）卫东大队蕉柑园每 667 米^2 年产 5 895 千克的施肥方法

广东澄海卫东大队，9 年生蕉柑园，667 米^2 产量为 5 859 千克。全年每 667 米^2 施肥量是：尿素 91 千克，氨水 37.5 千克，花生饼 200 千克，粪水 7 500 千克，塘泥土杂肥 3 000 千克。

庄伊美等对福建南部红壤丘陵地盛果期椪柑进行为期 8 年的经济施肥研究后推荐：福建红壤丘陵地 667 米^2 产量为 2 500～3 000 千克，椪柑园的适宜施氮量为 25～40 千克，其中有机肥约占全年施肥量的 50%以上（以氮计）；其 N，P_2O_5，

K_2O 的施用比例为 1∶0.4～0.5∶0.8～1。据此推算，每 667 米² 适宜的施用量为：P_2O_5 为 10～20 千克，K_2O 为 20～40 千克。

现将部分地区的实际施肥量与推荐施肥量列于表 8-2，供参考。

表 8-2　部分地区椪柑与蕉柑实际施肥量和推荐施肥量

（单位：千克/667 米²）

地　区	品　种	树　龄（年）	全年施肥量 N	P_2O_5	K_2O	产　量
实际施肥量						
广东杨村	椪　柑	10	51.9	58.1	10.8	3293
浙江衢州	椪　柑	11～13	106.2	39.6	81.6	5019
四川壁山	椪　柑	8～11	40.8	18.4	20.6	2375
广东澄海	蕉　柑	9	92.2	21.2	38.5	5859
广东杨村	蕉　柑	10	128.3	91.5	51.4	2232
推荐施肥量						
福　建	椪　柑	成龄树	33	15	30	2750
广　东	椪　柑	成龄树	34	13	22	2000
浙　江	椪　柑	成龄树	44	22	35	2500
四　川	椪　柑	成龄树	38	25	24	1750

三、本地早

本地早是我国著名的柑橘良种，其原产地和主产区都在浙江黄岩。该品种对施肥等栽培管理技术要求较高，在施肥的同时要加强枝梢的管理，主要是控制夏梢（6 月梢）的抽生，以防落果。

（一）黄岩本地早橘园株产 50～71 千克的施肥方法

本地早一般 667 米² 栽 42 株，黄岩橘农对中等产量（2 000～3 000 千克）的橘园普遍施肥 3～5 次，全年每 667

米^{2}施纯氮(N)65～75千克，磷(P_2O_5)30～40千克，钾(K_2O)40～50千克，其N，P_2O_5，K_2O的比例为1∶0.5∶0.65左右。①春季发芽肥在3月至4月上旬，每株施人粪尿30千克，厩肥15～20千克(或饼肥3千克)，尿素0.2～0.3千克，硫酸钾0.5千克。②花蕾期看树施肥，对花量多、叶色淡的树施人粪尿25千克，尿素0.3千克，或采用根外追肥。③壮果促梢肥在小暑前后施，每株施人粪尿30千克，尿素0.4～0.5千克，硫酸钾0.5千克。④壮果肥在立秋至处暑期间，对部分结果多的树施人粪尿20千克，尿素0.25千克左右。⑤采果肥在采前10天左右，株施人粪尿30千克，厩肥15～20千克，尿素0.5千克，骨粉0.75千克。

(二)杏林三村本地早橘园株产76.9千克的施肥方法

黄岩高桥乡杏林三村3.33公顷本地早丰产园，每667米^{2}栽52株，1977～1979年(15～17年生树)平均每667米^{2}产量4 000千克左右。全年以3次施肥为基础，再看树施肥或进行根外追肥。①发芽肥，每株施猪栏肥30千克，人粪尿35千克，饼肥3千克，草木灰5千克，尿素0.5千克。采用长方形或放射状沟施，逐次轮换施肥位置。②壮果促梢肥，每株施人粪尿30千克，尿素0.25千克。③采果肥，每株施猪栏肥25千克，人粪尿30千克，尿素0.25千克。折合全年每667米^{2}施纯氮145.9千克，五氧化二磷50.8千克，氧化钾73.7千克。

四、南丰蜜橘

南丰蜜橘原产江西南丰，味甜，质优，丰产，但果实较小。

(一)南丰县南丰蜜橘园株产25～40千克的施肥方法

原产地江西南丰县的南丰蜜橘，大部分种植在红壤丘陵上，每 667 米^2 栽 50～55 株，一般每 667 米^2 产量为 1 250～2 000千克的成龄橘园。其施肥情况是：①春季发芽前施 1 次速效性氮、磷肥，每株用人粪尿 25 千克加 1～1.5 千克碳酸氢铵和 1 千克钙镁磷肥。②7 月上中旬施壮果促梢肥，每株施饼肥 1.5 千克加人粪尿 25 千克或猪牛栏肥 50 千克，掺碳酸氢铵 1 千克和钙镁磷肥 0.5 千克。一般结合抗旱灌水进行施肥。③10 月下旬施采前肥，每株施人粪尿 25 千克，碳酸氢铵 1 千克，钙镁磷肥 1 千克，再加塘泥和猪牛栏肥培在树蔸下，保护橘树越冬。全年折合每 667 米^2 施纯氮 69.1 千克，五氧化二磷 37.2 千克，氧化钾 28.1 千克，其 $N:P_2O_5:K_2O$ 为 1∶0.54∶0.41。此外，在春、秋季结合防治病虫喷药时，叶面喷布 0.4%尿素加 0.2%磷酸二氢钾或 0.5%复合肥，共 7～8 次，有保果和促进花芽分化的作用。对树势差、叶黄或结果多的树，可多喷几次。

（二）抚州南丰蜜橘园每 667 米^2 产 2 500～3 000 千克的施肥方法

江西省抚州市柑橘研究所，在红壤山地种植 8.67 公顷南丰蜜橘，12～17 年生树平均每 667 米^2 产 1 227 千克，其中 1.53 公顷丰产园平均每 667 米^2 产量为 2 500～3 400 千克。其施肥特点是：利用土壤分析和叶分析指导施肥，大年树提前重施夏肥，小年树早施增施春肥，减少夏肥，这样可缩小大小年幅度，获得连年丰产、稳产。具体方法：①大年树全年每 667 米^2 施肥量 N 为 35 千克，P_2O_5 为 18 千克，K_2O 为 27 千克，N，P_2O_5，K_2O 的比例为 1∶0.51∶0.77。各次施用比例为，春肥（3 月中旬）占 20%～30%，夏肥（6 月下旬）占 50%～60%，采果肥（11 月上旬）占 20%～25%。②小年树全年总肥量为大年树的 60%～70%。其中春肥（3 月初）占 40%，保果肥（5月上旬）占10%，夏肥（6月下旬）占20%，采果肥（11月上旬）占30%。此外，春、秋季叶面喷硫酸锌和硼砂，以防橘树缺锌、缺硼。

五、红橘（川橘、福橘）

红橘又称川橘、福橘。是一种古老的地方品种，适应性广，果实质优，但多核，不耐贮藏。因其耐粗生，施肥实例不多。

（一）内江市红橘园株产83.8千克的施肥方法

四川内江市繁殖场1公顷红橘，每667米^{2}栽33株，50年生左右的树连续4年平均667米^{2}产2 767千克。施肥以豆科绿肥、猪粪尿等有机肥为主，化肥为辅，每年施3次肥。①采后肥春肥一次性施，于12月份采果前后每株施猪粪尿100千克，狗粪10千克，尿素0.75千克。②稳果肥于5月下旬施，每株猪粪尿100千克，尿素0.5千克。③壮果壮梢肥于8月下旬施，每株猪粪尿100千克，尿素0.5千克。折合全年每667米^{2}施纯氮56.4千克，五氧化二磷30千克，氧化钾36千克，其N，P_2O_5，K_2O的比例为1∶0.53∶0.64左右。

（二）大鹤村福橘园26.5千克的施肥方法

福建长乐县大鹤村，在贫瘠的滨海沙滩地上，于1968年起栽植福橘近70公顷，每667米^{2}栽89株，1973～1977年（6～10年生树）连续5年平均667米^{2}产2 359千克。其施肥特点是，以饼肥、猪粪尿等有机肥为主，对幼龄橘园十分重视培土改肥，每年套种大量绿肥，直接或覆盖后翻入土中，以提高沙滩地的土壤肥力，并增强其保水保肥能力，缩小土壤温差。成龄树全年每株施饼肥（大豆饼、菜籽饼、花生饼）3.5千克，猪粪尿20千克，人粪尿5千克，垃圾土50千克，尿素0.5

千克，硫酸铵 0.3 千克，过磷酸钙 2 千克。折合全年每 667 米^2 施纯氮 70.5 千克，五氧化二磷 53.9 千克，氧化钾 28.1 千克，其 N，P_2O_5，K_2O 的比例为 1∶0.76∶0.4。

福建对中等产量的成龄福橘，一般全年每 667 米^2 施 N 为 33.5 千克，P_2O_5 为 20.1 千克，K_2O 为 26.8 千克。

六、锦 橙

锦橙是我国甜橙类中的重要栽培品种，丰产、优质，鲜食与加工橙汁皆宜。该品种适应性广、对栽培技术要求不高，一般在能栽培甜橙的地区均可栽培，我国以四川、湖北栽培较多。

（一）内江市丰产锦橙园的施肥方法

四川内江市柑橘办公室根据全市重点乡丰产园连续 3 年的施肥量调查情况，再根据生长结果的具体表现，结合叶分析，进行适当调整的方法，拟出了该市锦橙施肥量参考表（表 8-3），在生产上具有较好的指导作用。

表 8-3 锦橙施肥量参考表 （单位：千克/667 米^2）

施肥时期	全年施肥量		
	N	P_2O_5	K_2O
发芽肥　2 月下旬	12	6	5
壮果肥　7 月上旬	9	8	13
壮果肥　9 月上旬	9	7	8
采前肥　11 月上旬	4	8	—
施肥合计	34	29	26

注：每 667 米^2 产锦橙 1 500～2 000 千克；开花过多时，5 月上旬补充氮素 3～5千克/667 米^2

（二）合川县丰产锦橙园的施肥方法

四川合川县，1983年已种植锦橙1 333.3公顷，其中投产面积266.67公顷，总产量475.5万千克，大面积平均每667米^{2}产1 189千克。其中丰产园5年生树平均每667米^{2}产1 667千克，10～16年生树平均667米^{2}产3 500千克左右。其施肥特点是：实行"重施7月肥，早施采后肥，春夏看树补肥"的原则，采取"宽沟、轮换、深浅结合"的方法，以有机肥为主，注意氮、磷、钾肥的配合及微量元素的施用。据对29.87公顷典型园调查，全年每667米^{2}施纯氮19.8千克，五氧化二磷9.8千克，氧化钾9.3千克，其N，P_2O_5，K_2O的比例为1∶0.49∶0.47。此外，在果实生长期喷0.3%～0.5%的尿素加0.1%～0.3%的磷酸二氢钾溶液4～6次。在盛花期喷0.1%的硼砂溶液1～2次。

七、夏　橙

夏橙是晚熟品种，果实挂树时间长，必须留树越冬至翌年夏季成熟采收。因其成熟期正值市场水果淡季，加之产量高、品质优，所以在栽培上有特殊的意义，它已成为世界上栽培面积最大、产量最多的甜橙品种。我国栽培的夏橙有伏令夏橙、五月红、桂夏橙、刘金刚夏橙等品种，以四川栽培最多。

夏橙因挂果时间长，花果重叠，树体消耗营养较多，所以对肥水条件要求较高，只有多施肥水，才能达到丰产、稳产。否则，易导致大小年结果。施肥应比锦橙多。春肥以氮肥为主，夏季追施速效氮、磷、钾肥，并进行根外追肥，秋肥施有机肥或绿肥配合磷、钾肥，冬季施腐熟有机肥，有利果实挂树越冬。成年结果树1年施肥4次，每株施肥量折合纯氮1～1.3千克，磷 0.5～0.6 千克，钾 1～1.2 千克。667 米^2 产 1 500～2 000 千克的成龄橘园可参考表 8-4 进行施肥。

表 8-4　夏橙施肥量参考表　（单位：千克/667 米^2）

施肥时期	全年施肥量		
	N	P_2O_5	K_2O
春肥　2 月下旬	9	5	6
夏肥　6 月下旬	11	8	9
秋肥　8 月下旬	6	6	6
冬肥　11 月上旬	8	5	5
施肥合计	34	24	26

注：每 667 米^2 产夏橙 1 500～2 000 千克；若开花过多，5 月上旬补施氮素3～5 千克/667 米^2

四川省农科院果树研究所，1984～1988 年在四川长寿县云集乡同心一分场，以 1980 年秋植的枳砧或红橘砧伏令夏橙 1.38 公顷，每 667 米^2 栽 134 株的幼树为试材。土壤为紫色土，pH 值 8 左右。经 5 年试验，667 米^2 产量由 1985 年的 182.5 千克提高到 1988 年(8 年生树)的 1 581 千克。其施肥措施是：全年施肥 4 次：第一次在 2 月下旬，每株施油饼 1 千克，尿素 0.15 千克；第二次在 4 月下旬，每株施尿素 0.15 千克，过磷酸钙 1 千克，绿肥 10 千克；第三次在 8 月上旬，每株施油饼 1 千克，尿素 0.15 千克，过磷酸钙 1 千克，硫酸钾 0.5 千克，绿肥 10 千克；第四次在 10 月下旬，每株施油饼 1 千克，尿素 0.15 千克。6 月上旬看树施速效氮肥。全年单株施油饼 3～4 千克，尿素 0.5～0.6 千克，过磷酸钙 2 千克，硫酸钾 0.5～1 千克，绿肥加青草 20～25 千克。折合全年每 667 米^2 施纯氮 67.1 千克，磷 59.5 千克，钾 62.1 千克，其 N，P_2O_5，

K_2O 的比例为 1∶0.89∶0.93 左右。

八、暗柳橙

暗柳橙系柳橙中的丰产优质品系，广州市郊萝岗乡大塱一村，于 1966 年改造水田种植暗柳橙 0.67 公顷，每 667 米^2 栽 90 株，1971 年(5 年生树)每 667 米^2 产量 5 000 千克，自 1968 年投产至 1983 年连续 16 年平均每 667 米^2 产量达3 824 千克，创造了我国柑橘早结、丰产、稳产的记录。其施肥特点是：①以有机肥为主，用肥量大(表 8-5)。另外，还每年株施 1 千克石灰，或混入有机肥中施用。②施肥次数多。定植后第一

表 8-5 广州萝岗乡大塱一村暗柳橙丰产园施肥量

树龄	全年施肥量(千克/株)							产量
(年)	土杂肥	粪水	花生饼	过磷酸钙	尿素	猪毛	氨水	(千克/667 米^2)
1	—	40	0.75	—	—	—	—	—
2	15	—	2	—	0.15	—	—	626
3	25	—	3	1	0.25	—	—	1 635
4	40	—	4	1.5	0.4	—	—	3 849
5	50	—	5	2	0.4	—	—	5 010
6	50	—	6	2.5	0.65	0.65	—	4 848
7	75	—	6	3	0.75	0.65	0.65	5 355

注：每 667 米^2 栽 90 株

年每半个月施 1 次肥，至秋梢老熟后每月施 1 次肥，全年施肥共 20～26 次。2 年生树每月施 1 次肥，每次新梢萌发前后各增加 1 次肥，全年施 14～18 次。3 年生树已进入初结果期，应根据结果树的特性及物候期安排施肥时期，一般全年施5～7 次。结果树施肥时期：第一次在 2 月份，目的是促花促梢，约占

全年施肥量的20%；第二次在4月份，目的为保果，约占全年施肥量的10%；第三次在7～8月份，主要是培养健壮秋梢，约占全年施肥量的30%；第四次在10月份，促进果实膨大，并积累养分，为花芽分化作准备，约占全年施肥量的10%；第五次在12月份，即采果后，为恢复树势和积累养分，约占全年施肥量的30%。除上述几次施肥外，在保果期和放秋梢时，看结果量和树势，适当增施1～2次速效肥，保持树势壮旺，培养健壮的秋梢，保证翌年丰产、稳产。

一般广东产区对产量中等的盛果期暗柳橙园，全年每667米^{2}施纯氮54千克，五氧化二磷27千克，氧化钾43.2千克，其N，P_2O_5，K_2O的比例为1∶0.5∶0.8左右。

九、哈姆林甜橙

哈姆林甜橙原产美国，鲜食和加工果汁均适宜。我国1965年从摩洛哥引进，表现早结、丰产、稳产。目前，四川、湖南、广西、福建和浙江等地均有栽培。

哈姆林甜橙的肥水管理与锦橙等甜橙品种差异不大，每年至少施3次肥，即催芽肥、壮果肥和采果肥。

湖南东安县芦洪市乡杨柳村，在石灰岩母质红壤荒地上，于1978年建园定植哈姆林甜橙0.689公顷，每667米^{2}栽112株。1981年起中国农科院柑橘研究所承包该园进行丰产栽培试验，单位产量逐年提高，1983～1985年连续3年每667米^{2}平均产量为2 361千克。其施肥措施是：每667米^{2}用尿素65～100千克，硫酸钾或氯化钾35～50千克，菜籽饼125～140千克，过磷酸钙或钙镁磷肥50～125千克，于4月中旬、7月下旬和11月上旬分3次施用。此外，在第一次生理落果期和放秋梢后，各施追肥 1 次，每次每 667 米^2 用尿素 15～20 千克，折合全年施纯氮 61 千克，五氧化二磷 17.1 千克，氧化钾 22.2 千克，其 N，P_2O_5，K_2O 的比例为 1∶0.28∶0.36 左右。

十、脐　橙

脐橙原产巴西，以其无核优质而著称于世。我国的脐橙先后从美国、日本引进，已有 50 多年栽培历史。脐橙花量大，消耗养分多，要求比其他甜橙施更多的肥料，而且对水分极敏感，需适时灌水。对其他栽培管理技术也要求较高。

（一）奉节园艺场 72-1 脐橙园株产 30.8 千克的施肥方法

四川奉节园艺场 72-1 脐橙丰产园位于长江三峡峡口北侧向阳坡地，海拔 125 米，黄壤，pH 值 6.7。面积 0.27 公顷，1976 年定植，每 667 米^2 植 72 株，1984～1989 年连续 6 年平均每 667 米^2 产量 2 218 千克。其施肥特点是：①扩穴施有机肥（基肥）。1985～1987 年连续 3 年秋冬在树冠滴水线外挖深、宽均为 70 厘米左右的环状沟，每株用骨粉 4 千克，桐籽饼 5 千克，过磷酸钙 3 千克，渣粪混合肥 125 千克，与土样拌匀施入沟内，并灌水。②重施大暑肥。7 月 20 日前重施壮果促（秋）梢肥（因深翻伤根兼有抑制夏梢抽生的作用），施肥量占全年用肥量的 50% 以上，每株施尿素 0.75 千克，过磷酸钙 4 千克，复合肥 1 千克，腐熟桐籽饼 5 千克，堆肥 125 千克。③早施复壮肥。改采果后为 9 月底至 10 月上旬，每株施尿素 0.25 千克，过磷酸钙 2 千克，复合肥 0.5 千克。折合全年每 667 米^2 施纯氮 133.9 千克，五氧化二磷 144.4 千克，氧化钾 88.9 千克，其 N，P_2O_5，K_2O 的比例为 1∶1.08∶0.66 左右。此外，灌足 3 次水，即春季萌芽前及 7 月施大暑肥时，结合施肥灌足水，采果后的11月份灌足越冬水。其余时间如无严重干旱，一般不灌水。修剪以春、夏两次取代冬季1次性修剪，轻剪保叶。

（二）内江市脐橙丰产园的施肥方法

四川内江市柑橘办公室根据全市重点乡脐橙丰产园连续3年的施肥量调查，拟出了成龄树适宜的施肥量（表8-6），可供生产上参考。

表8-6 脐橙施肥量参考表 （单位：千克/667米²）

施肥时期		全年施肥量		
		N	P_2O_5	K_2O
发芽肥	2月下旬	18	6	6
壮果肥	6月下旬	15	8	12
壮果肥	9月上旬	7	7	7
采前肥	11月上旬	6	4	—
施肥合计		46	25	25

注：每667米²产脐橙1 500～2 000千克，开花过多情况下，于5月上旬补充氮素3～5千克

十一、柚

柚是柑橘的重要品种，我国栽培的良种柚有浙江、福建的文旦，广西的沙田柚，四川的文峰柚、长寿沙田柚、垫江柚等。

柚的树体高大、果实巨大，需消耗大量的养分，一般未结果树和结果树的每667米²施肥量都要相应地比温州蜜柑多40%～50%或以上。根据各地总结，幼年树每株用氮量一年生为100克，二年生为130克，三年生为160克左右，磷及钾各为氮用量的50%～60%。成年结果树，可按果实产量确定施肥量，一般每生产1吨果实，宜用氮10千克左右，667米²产2～4吨时大致可照此推算，并作适当调整。其N，P_2O_5，K_2O的比例以10∶7∶7左右为宜。柚类各品种基本上可参考此方

法决定用肥量。

此外，柚由于果实大而容易发生裂果，玉环柚的裂果率高达 20%～30%或以上。裂果除与内源激素、水分供应不平衡有关外，还与施肥有关。在施肥不当，氮、磷、钾比例失调，特别是偏施化学氮肥的情况下，裂果更加严重。因此对严重裂果的柚园，要施足有机肥，适当增加钾肥的施用比例。

（一）玉环柚施肥方法

玉环柚，又称楚门文旦。一般每 667 米^2 栽 27 株，最多不超过 41 株。当地丰产园按下述方法进行施肥。

幼树施肥一般按各次新梢抽发时期确定，在每次抽梢前萌芽时施 1 次肥料，11 月份施 1 次过冬肥。肥料以人粪尿、化肥等速效肥为主，1 年施肥 5～6 次。全年每株施肥量：栏肥、绿肥各 25 千克，饼肥 0.5 千克，人粪尿 30 千克，尿素 0.3～0.4 千克，过磷酸钙或钙镁磷肥 0.25 千克。

每 667 米^2 产 2 000～3 000 千克的成龄柚园，1 年主要施 4 次肥。①芽前肥在 3 月初，每株施人粪尿 25 千克，尿素 0.25 千克，饼肥 1 千克。②坐果肥在 5 月初，每株施人粪尿15～25 千克，尿素 0.2 千克。③壮果肥在 7 月上中旬，每株施复合肥 0.25～0.4 千克，人粪尿 25 千克，过磷酸钙或钙镁磷肥 0.5～1 千克。④越冬肥在 11 月初，每株施栏肥 25 千克，人粪尿 25 千克，复合肥或尿素 0.25～0.4 千克。按每 667 米^2 栽 27 株计算，折合全年每 667 米^2 施纯氮 34.32 千克，五氧化二磷 14.13 千克，氧化钾 17.53 千克，其 N，P_2O_5，K_2O 的比例为 1∶0.41∶0.51 左右。此外，在开花坐果期和果实采收后，视树体情况，用 0.2%尿素加 0.2%磷酸二氢钾进行数次根外追肥。

黄泽惠等对玉环县地质背景研究后认为，产量低或不结果的玉环柚园，其原因可能是土壤缺磷。为此配制成N，P_2O_5，K_2O的比例为17∶30∶6.5的专用酸性复合肥，在低产园施用，收到了预期的效果。

（二）沙田柚施肥方法

广西柑橘研究所于1983～1987年在广西柳江县里雍乡下塘信村，对1978年定植的酸柚砧沙田柚树进行了氮、磷、钾不同施用量及其比例的试验，土壤为冲积砂土，每667米^{2}栽27株。结果表明，在有机肥占50%左右的情况下，7～10年生树每年株施纯氮1.5千克，磷（P_2O_5）0.7千克，钾（K_2O）1千克左右。可获得株产50千克左右，增产增收效果最好。其N，P_2O_5，K_2O的比例为1∶0.47∶0.67左右。

十二、金柚（胡柚）

金柚又名胡柚。原产浙江常山县，可能为柚与甜橙的自然杂种。成片栽植时，每667米^{2}产量可达2 500～3 000千克。其施肥量、施肥时期、肥料成分配合比例大致与文旦相似。①N，P_2O_5，K_2O的比例为10∶7∶7左右。②氮、磷、钾年施用量，1年生树每株分别为100克，70克，70克，2年生树每株分别为200克，84克，84克，3年生树每株分别施用300克，105克，105克。结果树三要素每667米^{2}年施用量，若预期每667米^{2}产1 000千克氮、磷、钾分别为10千克，7千克，7千克。每667米^{2}产2 000千克，分别需用20千克，14千克，14千克。每667米^{2}产3 000千克时，氮需用30千克，磷和钾各用17千克。

十三、金　柑

金柑是柑橘类主要树种之一，属于芸香科金柑属，栽培较多的有罗浮、金弹、圆金柑和月月橘四种。主产区有浙江的宁波，湖南的蓝山、浏阳，广西的融安、阳朔，江西的遂川，福建的龙溪，四川的内江等。

金柑树体矮小，对肥水要求不高，施肥量比温州蜜柑要少。据各地经验，幼年树要求在11月下旬至12月施足以有机肥为主的基肥，开春后喷布0.3%～0.5%尿素数次，以促进枝梢生长。进入结果后，尤其是盛果期，为了控冠保果，应增施磷、钾肥，适当控制氮肥。据分析，每吨果实要带走氮(N)1.36千克，磷(P_2O_5)0.53千克，钾(K_2O)2.71千克。如按果实产量估算施肥量，则每生产1吨果实大约需要用氮9.2千克，磷6.4千克，钾9.1千克，其N，P_2O_5，K_2O的比例为1∶0.7∶1左右。综观浙江、广西、四川、江苏等地的金柑施肥量，一般丰产园成年树每株施猪粪尿、厩肥、绿肥等有机肥100～150千克，尿素1～1.5千克，过磷酸钙0.5～1千克，骨粉0.5～1千克，硫酸钾0.5千克。1年分4次施用。第一次在春季发芽前半个月(3月至4月初)，第二次在夏梢抽生期(6月)，第三次在果实发育期(8月)，第四次采果肥在冬季11月份施。此外，在现蕾至谢花期喷布0.2%硼砂加0.4%尿素，可提高果率。在幼果期至果实膨大期喷0.5%尿素2～3次，可促使叶转绿，利于果实发育。

(一)镇海金柑园施肥方法

浙江宁波镇海每667米^{2}产2 000千克金柑的施肥经验是“春肥重、秋肥速、冬肥足”。一般10～20年生树的全年施肥量为人粪尿 40～50 千克(或尿素 1 千克),饼肥 1～2 千克,牲畜栏肥 25～40 千克,以及适量的磷、钾肥。

(二)阳朔金柑园施肥方法

广西阳朔县金柑丰产园,一般株产 30～50 千克,零星栽植的高达 100～200 千克/株。其施肥措施是:①重施基肥,在采果后至翌年 1 月,每株施猪、牛栏粪 50 千克,草杂肥 25 千克,花生饼 1 千克,磷肥 1 千克,钾肥 0.5 千克,于树冠下挖穴施。②施足梢前肥,在 3 月份每株压绿肥 40～50 千克,施花生饼 0.5～1 千克,沤粪水 25 千克,复合肥 0.5 千克(尿素 0.25 千克)。③看花施用蕾期肥,对第一次花和(或)第二次花多的树,在每次花蕾期各施用饼肥 0.5 千克,沤粪水 20 千克灌施,同时花蕾初现时,叶面喷 1 次 0.2%硼砂加 0.4%尿素溶液。花少时可以省去这次肥。争取头两次花多坐果,是获得高产的关键。④施好稳果壮果肥,在第二次花谢后,每株浇施稀薄粪水 25 千克。

以上众多实例说明,橘、柑、橙、柚的施肥,要以有机肥料为主,化学肥料配合施用,一年以 3～4 次土壤(根部)施肥为主,根据树体生长状况可进行多次(以微量元素为主)根外(叶面)追肥。经济合理的施肥量,是在营养诊断的基础上,确立不同品种、不同土壤类型和不同目标产量的施肥量。

后　记

为使读者准确掌握当今橘、柑、橙、柚施肥新技术，我们在以往出版的著作基础上，进行了补充、修改，添加了不少新的内容，较全面地介绍了施肥新技术。

本书也是我们柑橘营养诊断及施肥技术研究课题组全体同志辛勤耕耘所取得成果的一部分。然而，有不少成员因工作和年龄的关系已离开本课题组，未能参加此书的撰写工作，他们是徐婵娟、周玉琴、叶妙福、应仙东、蔡爱勤和陈忠麟等，我们对他们所作的努力和贡献表示衷心的感谢！此外，还要感谢中国科学院院士朱祖祥先生、浙江农业大学教授俞震豫先生等专家教授对我们工作的支持，感谢日本静冈县柑橘试验场野吕德男先生、高桥幸雄先生等友人对我们的帮助。由于本课题时跨 20 余年，联系、协作的单位和个人较多，不能一一列出，在此一并致谢。

俞立达

2000.8

主要参考文献

1. 俞立达主编．柑橘营养诊断与施肥论文集．上海科学技术出版社，1993
2. 俞立达，石学根编著．柑橘施肥新技术．中国农业出版社，1993
3. 俞立达，崔伯法编著．柑橘病害原色图谱．中国农业出版社，1995
4. 沈兆敏主编．中国柑橘技术大全．四川科学技术出版社，1992
5. 俞立达主编．果树营养障碍诊断及防治新技术．浙江科学技术出版社，1994
6. 庄伊美主编．柑橘营养与施肥．中国农业出版社，1994
7. 彭成绩主编．甜橙栽培技术．广东科学技术出版社，1997
8. 吴金虎、段广泽编．脐橙早果丰产新技术．天津教育出版社，1993
9. 李三玉等编著．当代柑橘．四川科学技术出版社，1990
10. 何天富主编．柑橘实用栽培技术．上海科学技术出版社，1990
11. 庄伊美、江由译．园艺植物营养诊断标准．上海科学技术出版社，1988
12. 俞立达等．黄岩植橘土壤类型与柑橘缺素诊断．浙江农业大学学报．1985(4)
13. 俞立达．柑橘叶尖黄化病研究．园艺学报．1982.9(2)：1～4
14. 崔英德．复合肥的生产与施用．化学工业出版社，1997
15. 〔日〕中间和光著．蜜柑以夏肥为重点．日本农山渔村文化协会，1994
16. 中国农业科学院柑橘研究所主办．中国柑橘．1982～1995
17. 中国农业科学院柑橘研究所主办．中国南方果树．1996～1999
18. 浙江省农业科学院柑橘研究所主办．浙江柑橘．1984～1999